この問題、とけますか？
チャレンジ難問篇

吉田敬一

大和書房

はじめに

本書のトリセツ

本シリーズは、2017年の1巻目以来、本書が3巻目ですが1巻、2巻、3巻、お互い関連性がないので、どの巻から読み始めてもかまいません。書店で、偶然手にした巻から読み始めるのもいいでしょう。さらに言えば、どの問題から解き始めてもかまいません。

パズルのトリセツ

パズルは、所詮、知的な遊びですが、最近は脳トレの実用を兼ねて遊んでいる人が多くなってきているようです。パズルは「知識」を問うものではなく、「知恵」を使うものです。「富士山の高さは?」に答えるには「3776m」という事前の「知識」だけで十分です。これに対して、「猫を笑わせるには?」という問いに対しては、「知恵」(工夫)が必要です。

このように、パズルには事前の知識があまり要求されないので、その場で「考える」ことが必要です。そして、「いろいろな視点」から考えることが大切です。わからないときは、しばらく時間をおいてから考えると、ふと良いアイデアが出てくることがあります。どうしてもわからないときは、「解答を読む」ことです。そして、「なるほど」と納得することです。これがパズルに向かうコツです。クイズの多くは答えが1つですが、パズルには答え・考え方が複数個あるものも少なくありません。

パズルと算数・数学

2019年7月13日の日経新聞に「数学の文章解答見送り」の記事が載りました。大学共通テストの試行調査で正答率がわずか3.4%にとどまったというのです。「答えを導き出す過程を言葉で説明できない」のです。これは受験生が、問題の本質をとらえられていないからです。

具体例をあげましょう。江戸時代から有名な問題に「鶴亀算（つるかめざん）」というのがあります。

「鶴と亀がいます。その頭数は合わせて20、脚の数は合わせて56本です。鶴は何羽、亀は何匹いますか?」

学校では、鶴の数をx、亀の数をyとして、

$$x+y=20$$

$$2x+4y=56$$

として、この連立方程式を解いて、$x=12$(鶴)、$y=8$(亀)で終わり、です。まことに機械的で、これでは「方程式」が当てはまらないような問題は解けません。

江戸時代の人は、次のように考えました。

頭数20を全部、鶴のものと考えるとどうなるか? すると、脚の数は、鶴は2本だから20×2=40本となって、56本には16本も足りません。

なぜこんなことが起きたのでしょうか? それは亀の脚の数は4本なのに、全部を鶴としたため、脚をすべて2本で計算したからです。このことに気がつくと、16本不足しているということは、本来4本の脚を持っているのに、2本不足している亀がどれだけいるのかを考えればよいとわかります。

つまり、

16(不足分)÷2(亀の脚の不足分)=8

この8は亀の数となるので、亀が8匹で鶴が12羽(=20−8)。脚の数は12×2+8×4=56となり、話が合います。

この解き方は「鶴と亀の脚の数の違い」に目をつけて解いています。しかし、方程式では一応、$2x+4y$としてありますが、これが解法の中心、鍵になってはおりません。ここに、「知識」(方程式)と「知恵」(工夫)の解法の違いを見ることができます。

最後に

「知識」は学校で身につけるものであり、「知恵」は日常生活から学び取るものです。パズルは、あなたの「知恵」、つまり「頭脳の柔らかさ」を鍛えてくれるトレーニング・センターです。

取り上げてある問題の中には、江戸時代のものや有名私立中学の入試問題、アメリカIT企業の入社試験問題、欧米の数学者が余技で作ったものなどがありますが、初出(作者)のはっきりしないものも少なくありません。そうした問題を取り扱っている書籍は、末尾に参考文献としてあげてあります。

2020年 初春　吉田敬一

目次
CONTENTS

第3章　直感を鍛えるパズル

第4章　江戸時代のパズル

第5章　世界の手ごわい問題

第6章　変わった計算

最終章　難関中学入試でおさらい

Beat Your Brains out
第1章
暗号と思考実験に
チャレンジ
ONOMONDAI

通勤電車や新幹線の中、喫茶店やレストランの中、勉強で疲れたとき、自宅や会社での食後のひとときに、現実を離れてパズルの世界に浸ってみませんか？

軽い気持ちで挑戦するには軽くない問題や、脳に汗をびっしょりかく問題もありますが、解けたときの快感、解答を読んで理解できた時の爽快感（なるほど感）が忘れられなくなるかも…。

暗号と思考実験にチャレンジ

難易度 ★★★

Q.1 ウソつきを手玉に取るには？

A族が住むA村は全員が正直者です。

一方、B族が住むB村は全員が嘘つきです。

旅人が道の三叉路に来ました。

一方はA村に通じ、一方はB村に通じています。

旅人はそこで一人の男に会いましたが、A族かB族か見分けがつきません。

どのような訊き方をすれば、A村にたどり着けますか？ ただし、訊くのは1回きりとします。またA族もB族の人も返事は肯定（「はい」、「そうです」）か、否定（「いいえ」、「違います」）のいずれかとします。

1 ANSWER
あなたの村はこっちですか？

旅人は一方の道を指して「あなたの村はこっちですか」と訊けばよい。

その方向がA村のとき、男がA族の人なら正直者なので、「そうです」と返事をしますし、男がB族の人なら嘘つきなので、やはり「そうです」と答えます。このとき、旅人は指さした道を進めばよいことになります。

また、もし指さした方向がB村のとき、男がA族の人なら正直者なので「違います」と答え、B族の人なら嘘つきなので「違います」と答えます。このときは、旅人は指さした方向でない、もう一方の道を進めばよいことになります。

こぼれ話

この問題の類題(A族、B族がライオンに変更)が、米大手金融業ゴールドマン・サックス社の入社試験に出題されていたようです。

難易度
★★☆

Q.2 この暗号表を解けますか？

次は暗号文です。

ヒントをもとにして

解読してください。

カ	サ	ク	ギ	ハ	ラ	サ
ク	タ	サ	ク	ン	ラ	サ
ス	ク	ノ	ヒ	サ	キ	ク
ラ	ダ	サ	シ	ク	ニ	サ
ダ	ク	ラ	サ	ン	ク	メ
ニ	ラ	サ	ア	サ	リ	ク
ラ	サ	マ	サ	ス	ラ	サ

ヒント！

使われている文字の回数を数え、
頻度の多い文字の扱いを工夫してみると…

Answer

ANSWER 2

カギハタンスノヒキダシニダンメニアリマス（鍵はタンスの引き出し二段目にあります）

表中のカナの頻度を数えると、サ−13回、ク−9回、ラ−7回で、他のカナ文字の1〜2回にくらべて断トツに多くなっています。そこで、サ、ク、ラを除いた文字を読むと、上の文になります。

こぼれ話①

頻度分析はよく使われていた方式です。たとえば英文の中で一番出現頻度が高い文字(記号)は空白、次いでe、t、a、iの順で、逆に低いのはz、q、j、xです。2文字ではe_、th、he、s_、in、an、erが上位10位です。(長尾真『自然言語処理』岩波書店)。

したがって、暗号化された文を解析するときは、しばしば英字の頻度を調べ、高いものをe、t、a、iのいずれかに戻し、低いものをz、q、j、xのいずれかに戻すと、暗号化される前の文にたどり着けます。たとえば、p、dが高い頻度のとき、pdという並びをitやatに置き換えて、前後の関係から特定します。

こぼれ話②

暗号は大昔から使われています。狼煙(のろし)も一種の暗号で、「攻めよ」とか「敵が来た」などに使われています。狼煙に「狼」の文字が使われているのは、狼の糞を用いたからと言われています。

暗号と思考実験にチャレンジ

難易度

★☆☆

Q.3 スパイかどうかを見破れ

赤穂浪士(あこう)は討ち入りのとき、敵と味方の区別のため、「山」と「川」を合言葉として使いました。

以下は、機密資料を渡す相手か否かを、Aが判断するための会話です。

A「2人で来たのですか?」

B「いや、4人です」

A「4人では費用が大変だったでしょう」

B「なあに、6000円でしたよ」

この会話で、Aは、Bが味方(渡す相手)であることを確認しました。何が鍵となっているか、わかりますか?

3 ANSWER 会話に出てくる数字が、「偶数」です

Aが言う数(偶数、奇数)に合わせて答える知識を持っていなければ、Bは味方ではないとわかります。

これは、第二次世界大戦中、実際に陸軍中野学校(スパイ養成校)で使われていた方法と言われています。相手を確認する際に、相手が数種(偶数、奇数)に合わせて答えるような知識を持っているか否かで判断します。

この問題では、念を押して、2度までも偶数で答えさせています。ここで、相手が5人などと答えると、資料を渡すべき相手ではないと判断します。

Q.4 ポリュビオスの暗号表

暗号文と、その解読表（コードブック）

らしいものを入手しました。

この表を用いて、

暗号文を解読してください。

FFGXDFGADGAFDFAFDAXADFXXDFXAXD

	A	D	F	G	X
A	B	X	W	K	C
D	O	Z	A	I/J	Y
F	T	F	U	P	M
G	N	L	Q	H	R
X	S	E	V	D	G

ヒント！

表の縦、横の2文字の組み合わせで1文字を作ってみると…

4 ANSWER URANIWA　WO　SAGASE（裏庭を探せ）

空白は読みやすさのために挿入しています

縦と横の組み合わせで、1字を表しています。たとえば、暗号文先頭の2文字FFについては、表の横（行）の見出し文字Fと縦（列）の見出し文字Fの交わっている文字を見ると、「U」になっています。つぎに、FFに続く2文字GXをこの要領で表から探すと、GとXが交わっているところには「R」があります。

以下、こうして解読すると、URANIWA　WO　SAGASE（裏庭を探せ）が読み取れます。DGの組み合わせ欄はIとJがありますが、意味が通じる方を採用します。

こぼれ話

表を使った方式では、見出し文字を数字にしたものもあり、「ポリュビオスの暗号表」と呼ばれています。わが国では見出し（鍵）に和歌の「つれなくみえし　あきのゆうくれ」を用いた上杉暗号が有名です（本シリーズ第1巻Q.11）。ポリュビオス（紀元前201−120頃）は人名で、ギリシャの軍人・政治家です。

スキュタレー暗号の問題

パズル好きな彼女に「誕生日に何が欲しい?」と訊いたら、1本の革ひもと細長い六角の棒が彼のところに送られてきました。

革ひもには多くの文字が書かれていますが、意味を成していません。しかし、男は工夫して、ついに彼女の望みを読み取りました。

どうすれば読めるでしょうか?

タオシセラケビアカタニリガラデフヘバシスレ
シデバタワシダヘライ

5 ANSWER
革ひもを六角の棒に巻く

棒にひもを巻きつけると、特定の行に「タビガシタイ」と現れます。六角棒なので、6文字ごとに秘密の文字が現れるので、それに気がつけば棒がなくても読み取れます。

こぼれ話

スキュタレー暗号は古代ギリシャ・スパルタで使われていたものです。送る側は棒に巻きつけた革ひもに暗号文と適当な文字を書き込んで送り、受け取る側は送る側と同じ太さの棒を用意しておくことで、解読できます。

Q.6 レールフェンス暗号

以下の文は

ある規則に従って

書かれたものです。

工夫して解読してください。

ツニムトデマタイヨコガキシネ

ヒント！

1文（この場合は14文字）を二分し、
上下に並べてみると…

6 ANSWER ツイニヨムコトガデキマシタネ

文のほぼ真ん中(この場合は14文字の半分、7文字目)で分け、以下のように上下に並べて、交互に上→下→上→…と読み進むとうまくいきます。

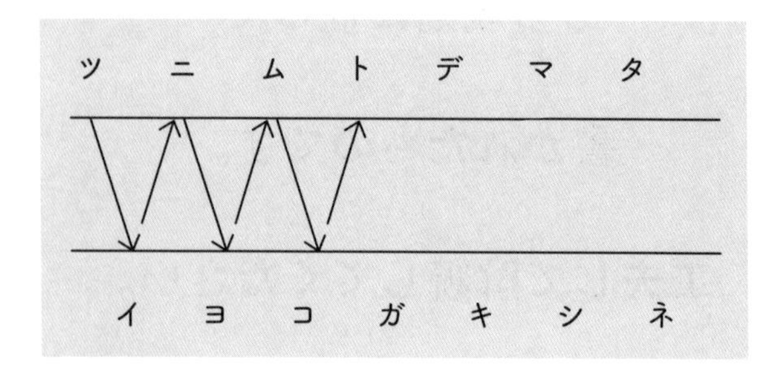

こぼれ話

この方式は「レールフェンス暗号」と呼ばれるもので、レールフェンス(Rail Fence)は横木を平行に渡した柵を意味します。

ここでは上下の2段ですが、3段にしたものもあります。原理は同じです。

重さの異なる金塊が4つあります。

2つ組み合わせて測った結果、

重さは6、8、10、12、14、16gの

6パターンありました。

4つの金塊の重さがわかりますか?

答えは2通りあります。

(重さはすべて整数です。)

7 ANSWER
① 1、5、7、9g　② 2、4、6、10g

知恵！で解く

いちばん軽い6gになるのは、(1、5)、(2、4)しかありません。

また、いちばん重い16gになるのは、(7、9)、(6、10)しかありません。

(1、5)と(7、9)を組み合わせると、

8(＝1＋7)、10(＝1＋9)、

12(＝5＋7)、14(＝5＋9)、16(＝7＋9)

となり、すべて可能です。

また、(2、4)と(6、10)を組み合わせても可能です。

したがって、

① 1、5、7、9g　② 2、4、6、10g

知識!で解く

4つの金塊をa、b、c、dとし、$a<b<c<d$とすると、

$$a+b<a+c<a+d$$

$$b+c<b+d<c+d$$

となります。重さの順序から

$$a+b=6、a+c=8、b+d=14、c+d=16$$

とわかりますが、

$\{a+d=10、b+c=12\}$か、

$\{a+d=12、b+c=10\}$か、

特定できません。

そこで、場合分けをして答えを導き出します。

① $a+d=10$のとき……1、5、7、9g

② $b+c=10$のとき……2、4、6、10g

こぼれ話

この問題は、NSA勤務の応用数学者Andy Fが雑誌「The Puzzle April 2016 Periodical」に掲載したもの。NSAでは仕事柄(諜報、暗号解読など)、パズルに関心を持つ研究者が少なくないようです。

難易度
★★★

Q.8 毒入りの瓶はどれ？

　昔むかしの話、ある国の王様が重病になりました。そこで、各国に助けを求めたところ、それぞれの国の王様から命令を受けた10人の医者たちが、特効薬を各自1本ずつ、合計10本持ってきました。

　ところが、家来が集めた情報では10本の中に、1本だけ毒が入っているという話。この毒は1滴飲むと、3分以内に死亡するという猛毒です。他の9本は特効薬であることは間違いないのですが、どれが毒入り瓶かはわかりません。

　王様は自分を助け、同時に毒を持ってきた医者を取り押さえよと命令しました。

　そこで家来は毒入りの瓶と特効薬を見分けるために、ネズミに飲ませてみようと考えました。

　しかし、実験用ネズミは4匹しかいません。王様は5分以内に薬を飲まなければ、助かりません。4匹だけのネズミを使い、5分以内に王様を助けつつ、同時に毒入り瓶も見つけ出す方法を考えてください。

10本
×9
×1
3分で
×4
あと
5分…

Answer

8 ANSWER 下記の通りです

話を簡単にするため、瓶の数を5本とし、内1本が毒入りとして考えます。まず、瓶に1、2、3、4、5と番号をつけます。次に、ネズミも3匹とし、こちらもA、B、Cとします。そして、

① ネズミAには瓶3、4、5の各1滴与え、

② ネズミBには瓶2、5の各1滴与え、

③ ネズミCには瓶1、2、4の各1滴与え、

3匹同時に飲ませます。3分以内にネズミCだけが死ねば瓶1が毒入りと判明。ネズミB、Cが死ねば、瓶2が毒入り。ネズミAだけが死ねば、瓶3が毒入り。ネズミA、Cが死ねば瓶4が毒入り。ネズミA、Bが死ねば、瓶5が毒入りとわかります。下の表を参照してください。薬を飲ませたときを1、飲ませなかったときを0として表したものです。

瓶＼ネズミ	A	B	C
1	0	0	1
2	0	1	1
3	1	0	0
4	1	0	1
5	1	1	0

瓶＼ネズミ	A	B	C	D
1	0	0	0	1
2	0	0	1	0
3	0	0	1	1
4	0	1	0	0
5	0	1	0	1
6	0	1	1	0
7	0	1	1	1
8	1	0	0	0
9	1	0	0	1
10	1	0	1	0
11	1	0	1	1
12	1	1	0	0
13	1	1	0	1
14	1	1	1	0
15	1	1	1	1

10本の場合も同じ考え方で解くことができ、ネズミが4匹いれば5分以内に毒入り瓶を発見できます。

4匹いれば、$2^4=16$なので、(0001～1111までの)15本の瓶のチェックが可能なことがわかります。

この問題では、瓶が10本なので、瓶1(0001)～瓶10(1010)までをチェックすればよいことになります。

二進数を知っている人は、「なあんだ」と納得することでしょう。

難易度
★★☆

Q.9 無実の男を救うために

ある男が無実の罪で捕らわれて、死刑を宣告されました。この国では死刑の前に壺の中の球を取り出す慣習があります。壺には赤い球が2つ、白い球が1つ入っています。囚人は壺から球を1つ取り出して、赤なら死刑執行、白なら死刑取りやめです。

男は、王様に「白い球は増やさなくてよいですから、赤い球を1つ増やして、その代わり、取り出す回数を2回にしていただけませんか」と申し出ました。

王様は、「赤い球を増やすなら、2回取り出しても男が助かる確率は変わらないだろう」と考えて、男の申し出を許しました。

さて、赤球を増やして2回取り出すようにしたとき、白球を取り出す確率は増えるでしょうか?

ただし、2回取り出すとき、1回目に取り出した球は壺に戻さないものとします。また、男が死刑になるのは、2回とも赤玉のときのみです。

これを
こうして…
?
2回
取り出す

Answer

9 ANSWER 男の申し出の方が、助かる確率が高くなります

直感では、赤を増やすと2回引いても「死刑になる確率」は高くなるような気がしますが…。考えてみましょう。

① 赤い球が2個のとき、白い球を取り出す確率は$\frac{1}{3}$です。

② 赤い球を1個増やして赤を3個としたとき、1回目に白を取り出す確率は、$\frac{1}{4}$です。

つぎに1回目が赤で、2回目に白を取り出す確率は、

$$\frac{3}{4} \times \frac{1}{3} = \frac{1}{4}$$

↑ 1回目に赤を取り出す確率　↑ 2回目に白を取り出す確率

したがって、

③ 1回目、2回目のどちらかで白を取り出す確率は

$$\frac{1}{4} + \frac{1}{4} = \frac{1}{2}$$

となり、1回だけ引くとき($\frac{1}{3}$)より、赤を増やして2回引いたときの方($\frac{1}{2}$)が、助かる可能性は高くなります。

Q.10 のんべえ達にお酒を上手に分けるには？

容量の同じ樽が21個あります。

7個にはお酒がいっぱい入っており、

他の7個にはお酒が半分入っています。

残りの7個は空です。

この樽を3人に、お酒の量も同じ、

樽の数も同じとなるように分けるには

どのように分配すればよいでしょうか。

ANSWER 10

{満杯樽、半分樽、空樽}の順に、
{(3、1、3)、(3、1、3)、(1、5、1)}
{(2、3、2)、(2、3、2)、(3、1、3)}

樽1個の「いっぱい」を1で表すと、半分は0.5で表せます。

すると、お酒の総量は1×7樽＋0.5×7樽＝10.5と表すことができ、1人当たりは10.5÷3＝3.5となります。

そうすると、お酒の分け方を、(満杯樽、半分樽)とすると

(3、1)、(3、1)、(1、5)

と

(2、3)、(2、3)、(3、1)

の2通りです。これなら、3人ともお酒の量は3.5になり、いっぱいの樽は7個、半分の樽も7個使っています。

樽の数はぜんぶで21個なので、1人当たり7個になるように、空樽を分けると、以下のようになります。

(3、1、3)、(3、1、3)、(1、5、1)

と

(2、3、2)、(2、3、2)、(3、1、3)

このように分ければ、3人とも酒の量も等しく3.5、樽の数も7個で平等になります。

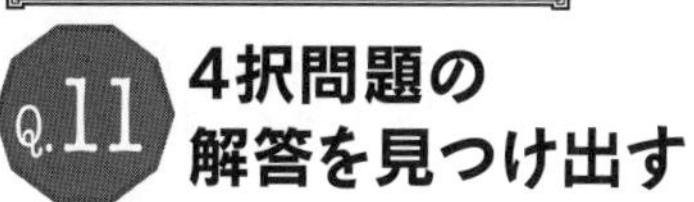

Q.11 4択問題の解答を見つけ出す

A、B、Cの3人が、

3択問題4つを解いた結果、

下の表のようになりました。

	第1問	第2問	第3問	第4問
A	①	①	②	②
B	③	③	①	②
C	①	②	①	①

採点結果、正解がAは2つ、

Bは3つ、Cは1つでした。

4つの問題の正解は何でしょうか？

①、②、③で答えてください。

11 ANSWER
第1問から順に　③　①　①　②

正解数の多いBを中心に考えます。Bは3問正解なので、第1問を間違えたとすると、第2、3、4が正解でなければ、3問正解にはなりません。そうすると、2問正解のAは第4問のみがBと同じなので、第1問はAが答えた①が正解と考えられます。しかし、そうするとCは2問正解となり、不適です。よって、Bの第1問の解答③は正解となるので、Bが3問正解になるためには、問題2、3、4のうち、2問が正解となる必要があります。2問正解となるときの組み合わせは、以下の3通りです。

	第2問	第3問	第4問
(イ)	○	○	×
(ロ)	○	×	○
(ハ)	×	○	○

(イ)の場合…Aは正解ナシで、不適。(Aは正解が2つ)

(ロ)の場合…第3問の正解が③のとき、Aは第4問1つのみ正解になるので不適(Aは正解が2つ)。正解が②のときはCは正解ナシになるので不適。

(ハ)の場合…第2問の正解が①なら、Aは第2問、第4問の2問正解、Cは第3問のみ正解となり、A、Cともに適。第2問の正解が②なら、Cは2問正解で不適。

Beat Your Brains out
第2章
日常に潜む
パズル
ONOMONDAI

日常生活の中で、あまり意識することなく使っているものがあります。たとえば、「あみだくじ」は始点が違えば、なぜ必ず異なる終点につながるのだろう、なぜ「1階で点けた電灯が2階で消せる」のだろう。

ここでは、日常生活に潜む「不思議」をパズルの様式で考えてみましょう。

日常に潜むパズル

難易度
★★★

Q.12 私たちがあみだくじを使う理由

あみだくじは、

横線をいくら入れたとしても、

異なる始点を選べば、

必ず異なる終点に達します。

なぜですか？

12 ANSWER

横に入れる線は、縦の線と線のよじれと考えることができるから

まずストレートの2本の線の場合を考えてみます。

出発点A、Bが同じ終点Cに到達したと仮定します。

すると、逆にCを始点とすると、1つの始点から異なる終点A、Bに達することになります。さらに、点Dからスタートすると、終点がありません。これでは、あみだくじにはなりません。

したがって、終点がおなじにならない2本の線について考えることとします。

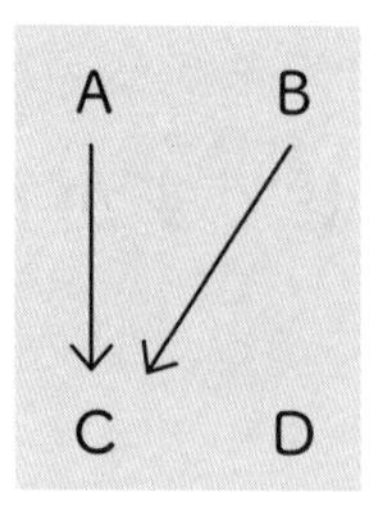

つぎの図で横棒を入れる意味を考えてみます。横棒を入れると、終点が入れ替わります(③)。この横棒がないと、Aからスタートすると Cに到達し、BからはDに到達します(①)。

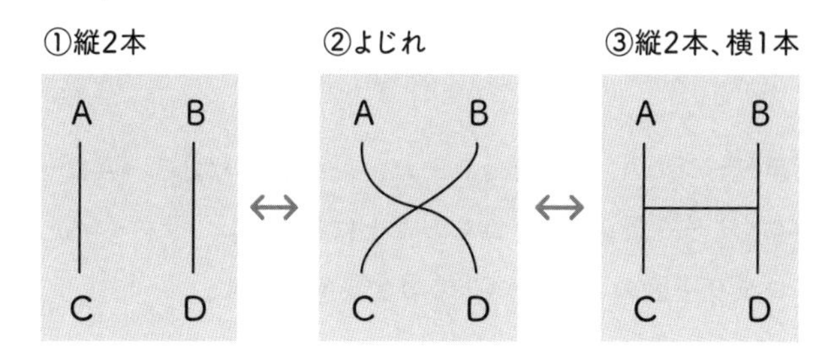

①と③をくらべると、横の線が1本増えているように思われます。しかし、2本の線がたわんで、よじれ、交差したと考えると(②)、折れ曲がって到達点が変わっただけで、実は①も③も2本の線のままであると考えることができます。つまり、どれだけ横棒を入れても、到達点が変わるだけで、異なる始点からは、必ず異なる終点に達します。

横棒を入れることは、線をよじることなのです。

続いて3点の場合を考えてみます。

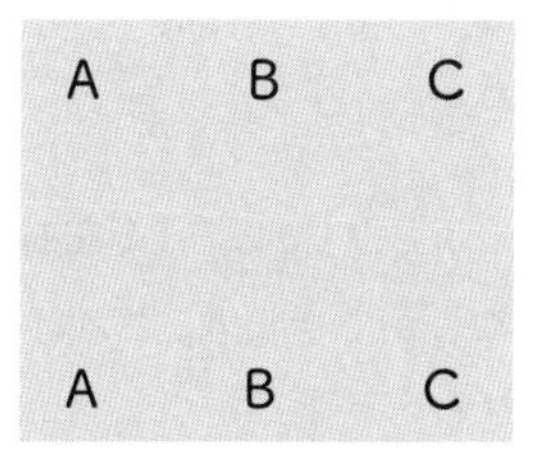

前ページのA、B、Cをそれぞれ、A→B、B→C、C→Aにつなぐ「あみだくじ」をつくることにします。

つまり下図のようにつなぐ場合を考えます。

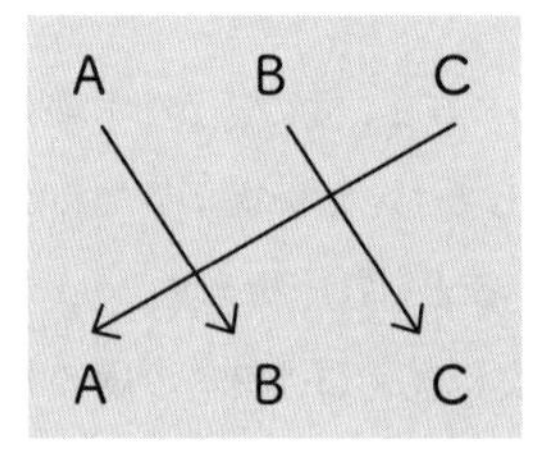

このとき、真上の点から真下の点に至るギザギザ線をなぞります。

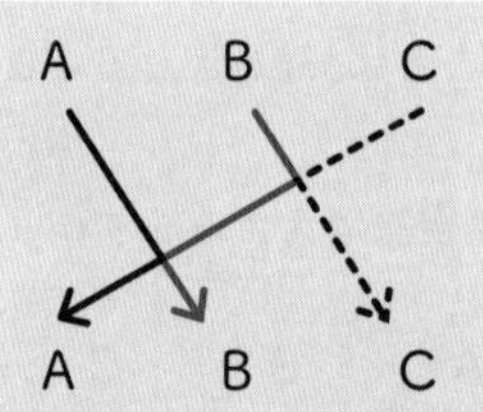

この2つの交点を「よじり」とみなし、左右に引っ張ると、右ページのあみだくじができます。これはA→B、B→C、C→Aになるあみだくじです。

ANSWER

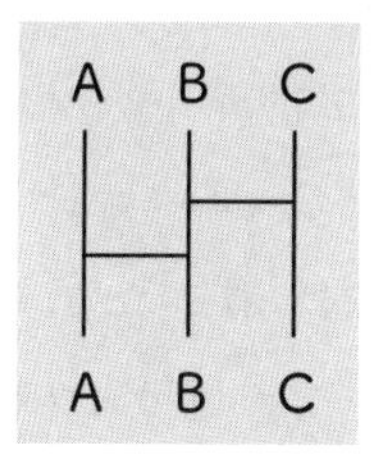

このように、あみだくじは「異なる始点からは必ず異なる終点に到達」します。点の数を増やしても横線の数を増やしても、同じ要領で説明できます。

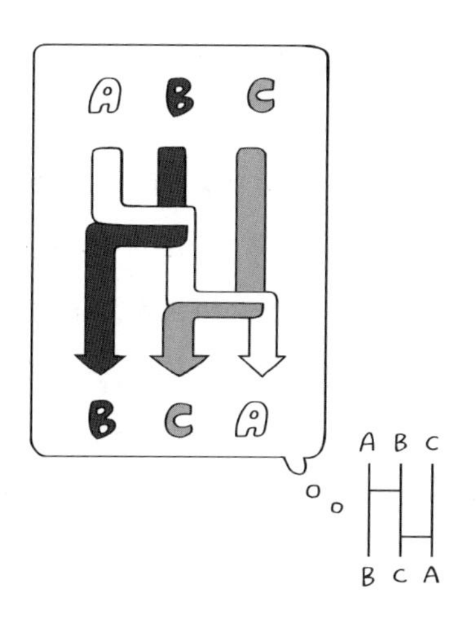

こぼれ話 特別篇 ～北海道増毛町～

私の生地(せいち)ですが、正しく読まれることは、まずありません。マスケが圧倒的に多いのですが、「マシケ」が正しい読み方です。アイヌ語のマシケイ(カモメが多いところ)に由来しています。高校の修学旅行で京都へ行ったとき、朝、バスガイドさんが乗り込んで来ての第一声が「ゾウモウ高校の皆様、おはようございます」。これで、生徒とガイドさんの緊張が一気に取れました。

増毛町は北海道の日本海側、旭川の真左りに位置する漁村です。昔はニシンの千石場所として名を成しましたが、昭和30年を境にパッタリ。いまは、「魚介」なら、鮭、いくら、数の子、エビ、「果物」なら、サクランボ、いちご、りんご、ブルーベリー、梨と、とにかく山海の珍味に事欠きません。札幌から「寿司ツアー」のバスが列をなすほど、道民にもファンが多いのです。1981年には高倉健・倍賞千恵子主演の映画『駅 STATION』のロケ地としても有名になりました。モデルとなった駅舎や日本最北端の醸造元・国稀(くにまれ)酒造、道内最古の木造校舎などの見学で若者も押しかける、日本の昔の光景を残す田舎町です。

Q.13 あいこになる確率は？

2人でジャンケンした場合と、

3人でジャンケンした場合、

あいこになる確率は

どちら高いですか？

13 ANSWER
差がない。同じ33.3%

まず、2人をA、Bとして考えてみましょう。Aの出し方はグー、チョキ、パーの3通りあります。Bも同様です。したがって、2人の出し方は3×3通りの組み合わせがあります。この9通りのうち、あいこになるのは2人ともグー、チョキ、パーのときの3通りなので、あいこになる確率は

$$3/9 = 1/3 \fallingdotseq 0.333 \rightarrow 33.3\%$$

つぎに、A、B、Cの3人の場合を考えてみましょう。3人の場合、出し方は3×3×3＝27通りあります。あいこになるのは、次の2通りあります。

① 3人とも、同じものを出したとき
② 3人とも、違うものを出したとき

①は、みんながグー、みんながチョキ、みんながパーの3通り。

②は、たとえば、Aがグーを出したとき、Bが出せるのはパーかチョキの2通りしかありません。Cは残りの1通りだけです。Aがチョキを出しても同じことが言えるし、パー

を出しても同じことが言えます。

したがって、全体では3×2×1＝6通りです。

よって、あいこになる組合せは、①＋②となり

3＋6＝9通り。

したがって、あいこになる確率は

$9/27 = 1/3 \fallingdotseq 0.333 \quad \rightarrow 33.3\%$

となり、2人の場合と同じ確率になります。

直感では、3人の場合の方が「あいこ」になる確率は大きくなるような気がしますが…。

こぼれ話①

A、B、C、D4人の場合はどうでしょう。4人の出し方は3×3×3×3＝81通りです。あいこになるのは

① 4人が同じものを出したとき。

② 3種類に分かれたとき、たとえばAとBがグーを出して、Cがチョキ、Dがパーのときはあいこになります。

①のときは3通りあります。

②のときは、ちょっとやっかいです。この例ではグーを出した2人を(A、B)としましたが、他にも(A、C)、(A、D)、(B、C)、(B、D)、(C、D)の組合せがあり、合計6通りあります。

いまはグーの場合ですが、チョキ、パーについても同じなので、全体として6×3＝18通りあります。また、チョキとパーの2人の組み合わせについても2通りあります。CがチョキならDはパー、あるいはその逆。したがって、18×2＝36通り。

結局、①＋②は、3＋36＝39通り。

したがって、あいこになる確率は

$$39/81 \fallingdotseq 0.481 \rightarrow 48.1\%$$

こうした考え方で、5、6、7人の場合を求めてみると、表のようになります。

人数	あいこになる確率
2	33.3%
3	33.3%
4	48.1%
5	63.0%
6	74.5%
7	82.7%
8	88.4%

こうしてみると、5人以上でのジャンケンは、あいこになる確率の方が高いので、たとえば「グーなしジャンケン」とか、「2つのグループに分ける」などの工夫が必要ですね。

こぼれ話②

確率計算には、余事象（よじしょう）という考え方があり、ジャンケンで「決まる確率」を求め、1からその値を引くことで「あいこになる確率」を求める方法があります。詳しくは文献(19)などを見てください。

Q.14 上でも下でも消せる電灯をつくろう

多くの家庭で、階段の電灯は

1階と2階のどちらでも消灯や点灯が

できるようになっています。

この仕組みを実現できるのは、

どの配線（回路）ですか？

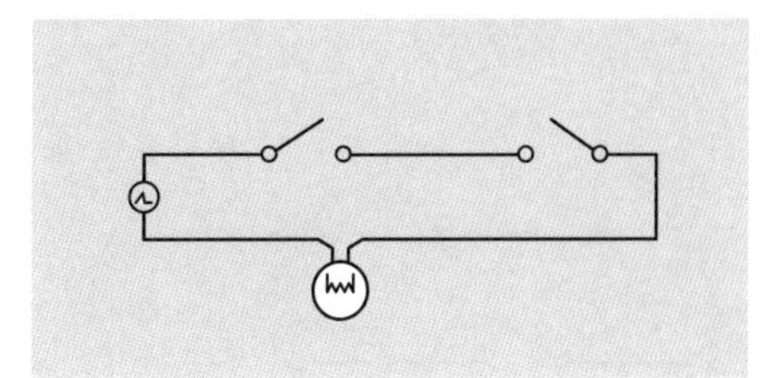

②

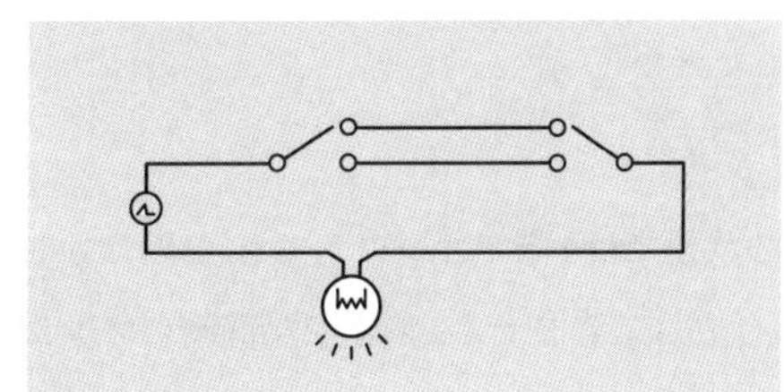

③

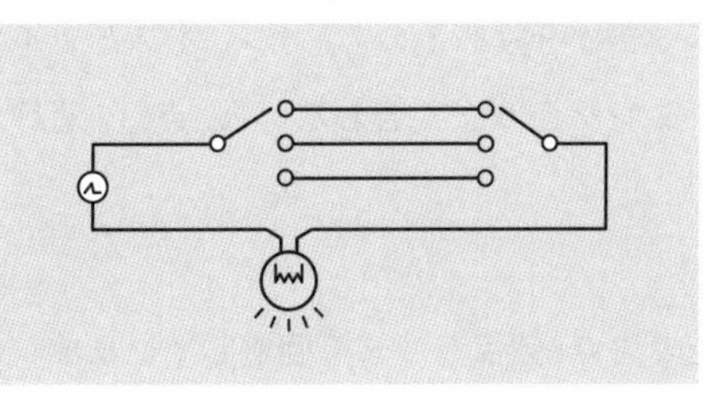

14 ANSWER
②の配線です

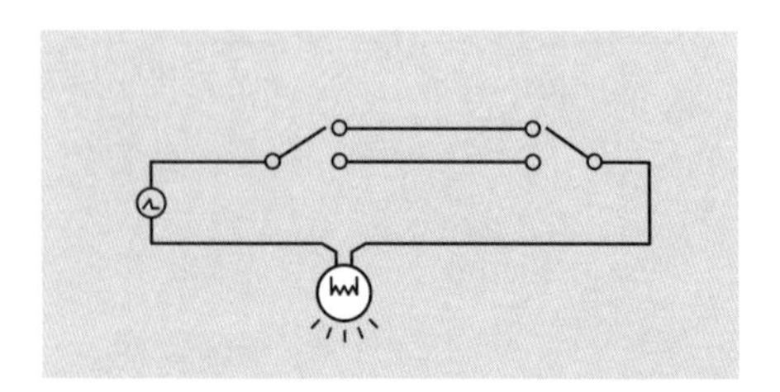

①は、この状態では1階でオンにしても、2階でオンにしても点けることはできません。1階、2階同時にオンにするか、一方があらかじめオンになっていなければなりません。

③はスイッチが3段あるので、オン、オフとスイッチの場所のタイミングがうまく合わないと、点灯、消灯ができません。

②は以上の欠点、難点をうまく回避しています。

日常に潜むパズル

難易度
★☆☆

Q.15 天秤を使いこなす ～贋金を見破れ～

3つの金貨があり、

そのうち1つだけ

軽いものがあります。

天秤ばかりを1回だけ使って、

軽い金貨を見つける方法を

考えてください。

15 ANSWER
次のように考えます

金貨をA、B、Cとします。

AとBを天秤に乗せて、同じ重さ(A＝B)なら、

軽いのはCです。

もし、BとCを天秤に乗せて、B < Cなら、

軽いのはBです。結局、

任意の金貨を1つずつ1回乗せるだけで

軽いものを見つけることができます。

こぼれ話

天秤を用いたパズルは古典的なものですが、不思議と廃れません。新聞の娯楽ページや中学の入試でも見かけます。

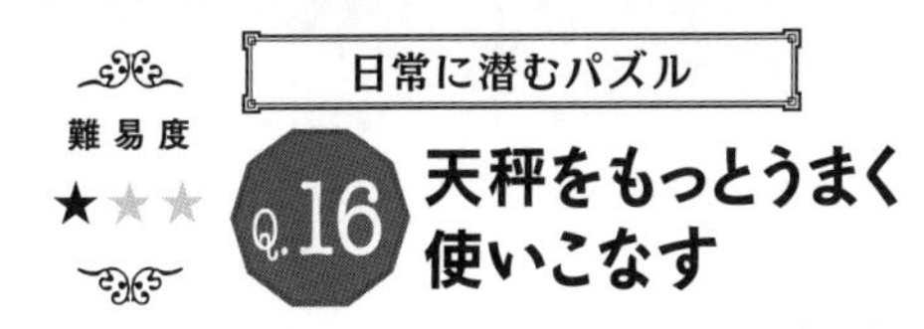

天秤をもっとうまく使いこなす

5つの金貨があり、

1つだけ重いものがあります。

天秤を2回だけ使って、

重い金貨を見つけるには、

どうしますか。

16 ANSWER 次のように考えます

5つの金貨をA、B、C、D、Eとします。AとB、CとDを天秤に乗せ、A＋B＝C＋Dなら、重いのはE。

もしA＋B＞C＋Dなら、2回目にAとBを天秤にかけ、A＞Bなら、重いのはA。

この問題でも、任意の金貨を2つずつ選んで天秤に乗せ、重かった方を再度1つずつ天秤に乗せれば、2回で重い金貨を発見できます。

こぼれ話

この手の問題には、金貨の数が9枚、12枚と多いもの、あるいは1つだけ金貨の重さが「軽いもの」、「重いもの」という設定があるほか、他の金貨と「重さが異なるもの」という、軽重不明の設定もありますが、基本的な考え方は同じです。

日常に潜むパズル

砂時計で自在に時間を測るには？

4分計と7分計の砂時計を使って、

10分測る方法を考えてください。

ただし、

反転の操作に要する時間は

無視します。

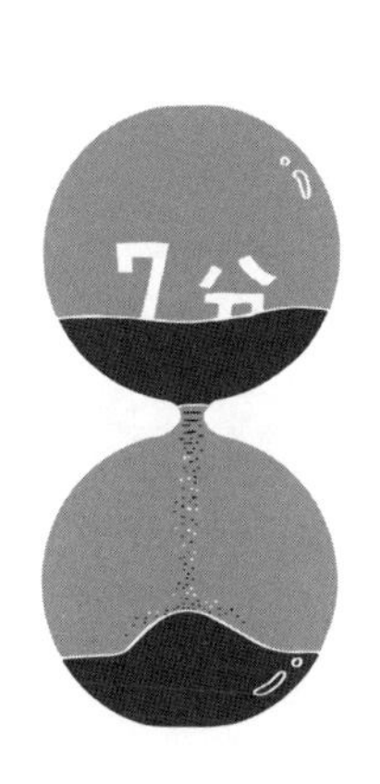

17 ANSWER
下記の通りです

① 4分計と7分計を同時に反転、スタート。

② 4分後、4分計を反転。(4分経過、7分計には残り3分)

③ 3分後、4分計を反転。(7分経過、1分残っている4分計を反転するので、3分計となる)

④ 3分後、4分計の砂がなくなった時点で、10分経過。

2つの砂時計の動きを数字と反転動作で表すと、以下のようになります。記号=は反転を表します。

(4、7)→(0、3)=(4、3)→(1、0)=(3、0)→(0、0)

(4分経過)　(7分経過)　(10分経過)

ものさしの上手な使い方

長さ7cmと3cmの

棒があります。

目盛(めもり)はついていません。

11cmを測る工夫を

考えてください。

18 ANSWER 下図の通りです

① 最初に、7cm、3cmの棒の両端をそれぞれA-B、P-Qとし、AとPを合わせます。

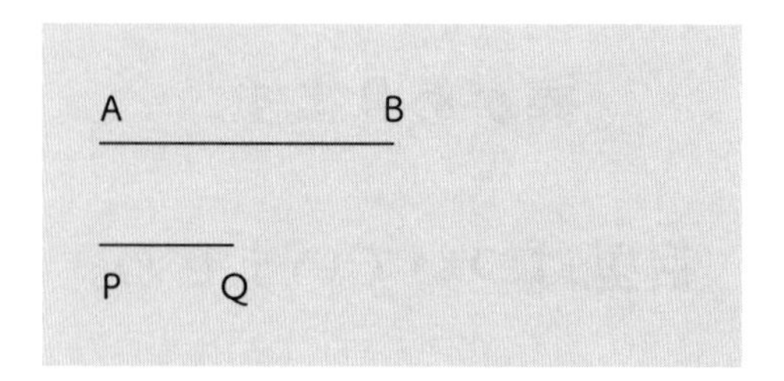

② Qの左側は3cmで、右側(Q-B間)は4cm。ここで7cm棒のAをBに合わせると、Q-B間は11cmになります。

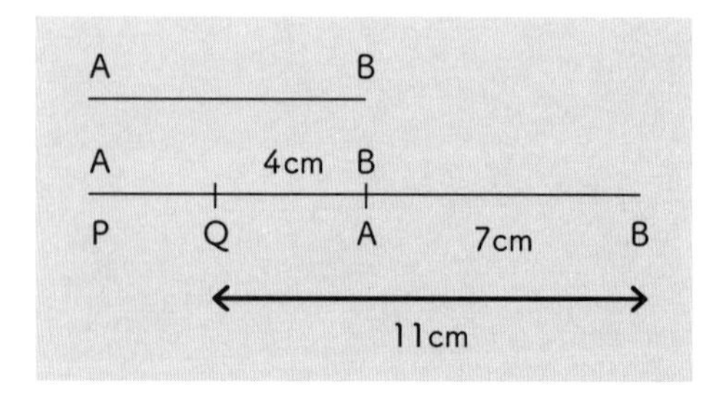

パズル好きの男は何歳？

あるとき、パズル好きな男が

「n^2年生まれの私は、

1980年には、n歳だった」

と言いました。

nはいくつですか？

19 ANSWER
44歳

n^2が1980年より小さいのは当然です。いま、単純に$n=40$とすると、n^2は1600となります。すると1980年には300歳を超えていることになり、不適です。

$n=50$とすると、n^2は2500となるので、これも不適。

$1600 < 1980 < 2500$なので、nは40と50の間とわかります。まんなかの$n=45$とすると、n^2は2025(>1980)になるので、これも不適。

$n=44$とすると、n^2は1936となって、1980年には44歳。念のため、$n=43$とすると、n^2は1849となって、1980年には130歳を超えてしまいます。

したがって、$n=44$とわかります。

もらったオーバーはいくら？

ある男が、1年分の給与として

冬オーバー1着と100万円を

受け取る約束で雇われました。

ところが、男は

7カ月働いたところで辞めました。

男は雇い主から冬オーバー1着と

55万円をもらいました。

冬オーバーの値段はいくらですか。

20 ANSWER
8万円

1年きっかり働けば、冬オーバー＋100万円もらえる約束です。ところが、7カ月しか働いていないので、もらえるのはその$\frac{7}{12}$になりますから

(冬オーバー＋100万円)×$\frac{7}{12}$ ……………①

ところが、実際にもらったのは

冬オーバー＋55万円 ……………………………②

でした。①が計算上のもらえる額で、②が実際にもらった額なので

冬オーバー＋55万円＝(冬オーバー＋100万円)×$\frac{7}{12}$

この関係から、冬オーバーの価格は

冬オーバー＝8万円

こぼれ話

この問題の初出はドイツの数学者クリストファー・クラヴィウス(1537-1612)の著書『代数学』(1608)のようです。ヨーロッパではこの種の問題がしばしばみられます(本シリーズ第1巻Q.29参照)。

難易度 ★★☆

Q.21 お小遣いを計算する

父は息子に「次のテストの結果で

お小遣いの額を変える」と言い、

「1問正解するごとに

90円増やすが、1問間違えるごとに

40円減らす」と決めました。

息子は全26問のテストに挑戦した結果、

お小遣いが「あがる」ことも、

「さがる」こともありませんでした。

息子は何問、間違えましたか？

21 ANSWER
18問

18問間違えると、息子は18×40＝720円のマイナス。このとき、息子は8問正解したことになるので、8×90＝720円のプラスとなり、金額が変わることはありません。

知恵！で解く

正解すると90円得をし、間違えると40円損をするとき、差し引きがゼロになる場合を考えます。

間違えて損をする金額は、正解で得られる金額の約半分なので、直感的におよそ正解の倍近く間違えたのだろうと見当がつきます。このように推測できると、正確には、26問を9：4の割合で、正解・不正解すればよいのではないか、と思い至ります。

つまり、全体13（＝9＋4）のうち、$\frac{9}{13}$を間違えたということになります。したがって、

$26 \times \frac{9}{13} = 18$問　（不正解数）

このとき、正解数は26－18＝8問です。

知識!で解く

正解数をxとすると、間違えた数は$26-x$となります。差し引きゼロだったというので、以下の式が成り立ちます。

$$90 \times x = 40 \times (26 - x)$$

これからxを求めると

$$90x + 40x = 26 \times 40$$

$$x = 8（正解数）$$

したがって、間違えたのは18問（＝26－8）。

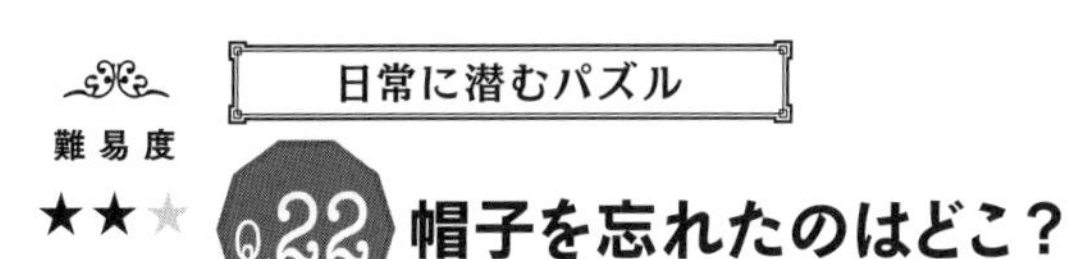

帽子を忘れたのはどこ？

5回に1回の割合で帽子を忘れる人が、A、B、Cの3軒の家を順にまわって帰宅したら、帽子を忘れてきたことに気がつきました。

Bの家に帽子を忘れた確率は何でしょう？

（早稲田大学文学部、1976年入試 表現一部改め）

ANSWER 22
約33%

「5回に1回の割合で帽子を忘れる人が、A、B、Cの3軒の家を順にまわって帰宅するときに、Bの家に帽子を忘れる確率はいくらですか?」

という問題なら、

Aの家に忘れない確率$\frac{4}{5}$、

Bの家に忘れる確率$\frac{1}{5}$だから、

$$\frac{4}{5}\times\frac{1}{5}=\frac{4}{25} \quad \cdots\cdots ①$$

となります。

しかし、この問題のタチの悪いのは「帰宅したら、帽子を忘れてきたことに気がつきました」の一文です。ここでは「忘れた」ことが確実なのです。漠然と「Bの家に忘れる確率」なら、上記通り、$\frac{4}{25}$です。

つまり、この問題は「忘れたということが起こったとき、Bの家に忘れた確率は?」を考えさせる問題です。こうした確率問題は、数学では条件付き確率と言っています。

例をあげて説明します。「サイコロを振って、3の目が出る確率は?」と訊かれたら、答は$1/6$です。

しかし、「サイコロを振って、奇数の目が出ました。その目が3である確率は?」と訊かれると、話は変わります。この条件下では、「目は1、3、5のいずれかに限定される」ので、目が3である確率は$1/3$です。

さて、元へ戻りましょう。まず、3軒のどの家にも忘れない確率を考えます。「Aの家に忘れない確率」は$4/5$、「Bの家に忘れない確率」も$4/5$、「Cの家に忘れない確率」も$4/5$だから、3軒のいずれにも忘れない確率は

$$4/5 \times 4/5 \times 4/5 = 64/125 \cdots\cdots ②$$

です。しかし、「忘れた」ことは確定しているので、「どこにも忘れない」なんてことはありえません。

つまり、どこかに忘れた確率は

$1-64/125=61/125$ ……… ③

この条件下で、忘れた家がBの家である確率を考えればよいことになります。つまり、①÷③で求まるので

$(4/25)\div(61/125)=20/61$

となります。

無条件だと、Bの家に忘れる確率は$4/25=0.16$ですが、「忘れたことが確実」となると、確率は$20/61\fallingdotseq 0.33$となって、「漠然とBの家に忘れる確率」より、2倍以上高くなります。

こぼれ話

この問題は早稲田の文学部に出た問題ですが、パズルのような感触の(勘違いしやすい)問題なので、いまなお話題になっています。

日常に潜むパズル

難易度
★★★

Q.23 爪楊枝を振ると生まれる不思議な数

爪楊枝(つまようじ)(またはマッチ棒)10本とA3程度の大きさの用紙を1枚用意して、爪楊枝の長さの1.5～2倍程度の間隔で横線を8～10本程度引きます。

爪楊枝10本を用紙の上50～60cmくらいの高さからばら撒きます。このとき、線と交わった爪楊枝の数を数えます。そして、この作業を50回程度(以上)繰り返し、以下の計算をすると、どんな数になると思いますか?

投げた回数/交わった回数

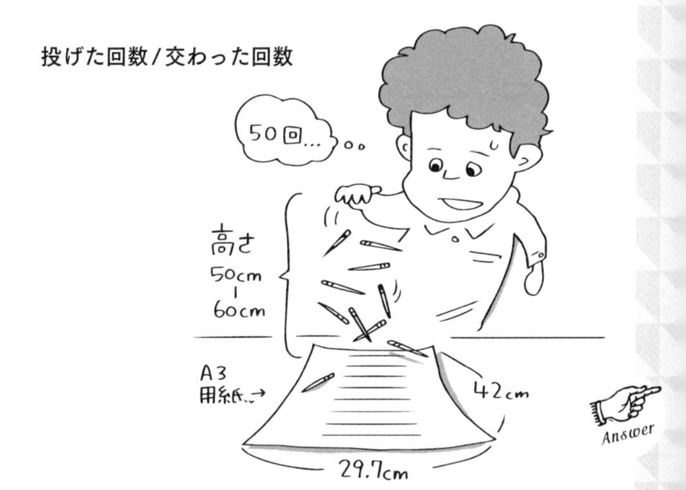

ANSWER 23 円周率(3.14)に近い値になります

人手で5本の爪楊枝投げを実験したときの値

	投げた回数÷交わった回数
100回	3.24
150回	3.26
200回	3.19

コンピュータで同様の実験をしたときの値

	投げた回数÷交わった回数
500回	3.172
5千回	3.135
5万回	3.144

こぼれ話①

これは「ビュフォンの針」と呼ばれる有名な問題です。ビュフォン(1707-1788)はフランスの博物学者、数学者、植物学者です。

こんなことで、なぜ円周率が求まるのか不思議ですが、正確に書くとなると、sin、cosなど学生時代の暗い記憶につながるので、ざっと雰囲気だけ書くことにします。

線上に針が落ちるとき、横線に対して、角度が0°〜360°までのいろいろな角度を取ります。つまり、円を描いているようにも見えます。(360°は2πで表されるように)円と円周率は切っても切れない関係があります。なぜなら、円周率は円周÷直径だからです。

ANSWER

こぼれ話②

円周率は古代バビロニアの時代から3.1××などが使われていたことが、発掘された粘土板から判明しています。また、後年、祖沖之（そちゅうし）(中国、5世紀)が小数点以下7桁(一説では6桁)を求めました。それから約千年後、インドの数学者マーダヴァ(1350?-1425)が11桁(一説では10桁)まで求めた記録があります。日本では、1772年、関孝和の門弟・建部賢弘（たてべかたひろ）(1664-1739)が41桁(一説では42桁)まで正しく求めました。ごく最近では、グーグルの日本人女性技術者の岩尾エマはるかさんが、小数点以下31兆4159億5771万8361桁まで求めました。円周率にちなんで、発表は2019年3月14日。

Beat Your Brains out
第3章
直感を鍛える
パズル
ONOMONDAI
3
?

日常生活において、直感と違う結果になることは、珍しくありません。ここでは、予想を裏切る問題に挑戦し、日常生活での勘違い、失敗を減らしましょう。

直感を鍛えるパズル

難易度
★★☆

Q.24 どこの部屋かは声でわかる？

あるアパートの管理人から、ラーメン店に、「3号室にラーメンを2つ届けてほしい」と電話がありました。

このアパートには部屋が3つあって、それぞれの部屋には男2人、女2人、男1人女1人が住んでいます。

ラーメン屋が部屋をノックすると「あなた、出てくれる?」という女性の声が聞こえました。

男が出てくる可能性(確率)は、どのくらいですか？

24 ANSWER $\frac{1}{3}$

ちょっと考えると男3人、女3人なので、½のような気がします。考えてみましょう。3つの部屋の住人を

(女A、女B)、(男A、男B)、(男C、女C)

で表すと、女性の声で返事が聞こえたので、

(男A、男B)の部屋でないことは明らかです。

そうすると

返事をした人
女A
女B
女C

出てくる人
女B
女A
男C

の組み合わせが考えられます。

したがって、「出てくる人が男」の可能性(確率)は⅓になります。勘違いしやすい問題です。

直感を鍛えるパズル

難易度
★☆☆

Q.25 飼い犬の子供の性別は？

飼い犬が４匹の子供を産みました。

雄と雌の割合で一番多いのは、

どれですか？

A：（雄、雌）一方に偏る場合

（０、４）または（４、０）

B：（雄、雌）が半分半分になる場合

（２、２）

C：（雄、雌）に少し偏りが出る場合

（１、３）または（３、１）

ANSWER

25 Cが一番多い

直感では、雄、雌が生まれる確率は$\frac{1}{2}$だから、雄2匹、雌2匹と考えるのが普通です。したがって、Bの場合が一番多いように感じます。そこで雌を0、雄を1で表すと、4匹の組み合わせは以下の16通りです。

① 0000	⑤ 0100	⑨ 1000	⑬ 1100
② 0001	⑥ 0101	⑩ 1001	⑭ 1101
③ 0010	⑦ 0110	⑪ 1010	⑮ 1110
④ 0011	⑧ 0111	⑫ 1011	⑯ 1111

この16通りのうち、
Aのケースは①と⑯の2通りなので、確率は$\frac{2}{16}$
Bのケースは④、⑥、⑦、⑩、⑪、⑬の6通りなので、
確率は$\frac{6}{16}$、
Cのケースは$1-(\frac{2}{16}+\frac{6}{16})=\frac{8}{16}$の確率
したがって、一番多く出やすい組み合わせは、Cの場合です。

Q.26 距離を計算する

A、B、Cの3人が100m走をしたところ、

Aがゴールしたとき、

Bは10m後ろを走っていました。

Cはさらに Bの後ろを走っており、

Bがゴールしたときは

まだ20m後ろにいました。

Aがゴールしたとき、

Cは何m後ろにいますか?

26 ANSWER
28m

直感では10＋20＝30m後ろとなりそうですが、違います。Aが100m走ったとき、Bが10m後ろにいたということは、BはAの0.9倍の速さで走っていたわけです。

さらに、Bがゴールしたとき、Cは20m後にいたということは、CはBの0.8倍の速さということになります。

したがって、Cの速さは、

$$0.9\times0.8=0.72$$

となるので、Aがゴールしたとき、Cはまだ100×0.72＝72mの地点を走っています。つまり、Cは28m後ろにいることになります。

難易度
★★☆

Q.27 返金はこれでいい？

本体が1000円の品を消費税8％込み1080円で売っていたお店が、消費税が10%になったとき、誤って1080円に10%の税を掛けて、お客さんに売ってしまいました。

間違いに気づいたお店は、あわてて1080円の消費税分80円をお返ししました。

これは正しい判断ですか？

ANSWER 27 正しくありません。88円を返すべきです

1000円の品に消費税10%を掛けると、売値は1100円になります。ところが、1080円に消費税10%を掛けると、108円の税になります。

つまり、お客さんはお店に1100円払うべきところ、1188円支払っているので、88円多く払っています。

だから、80円戻されてもまだ8円足りません。お店は、お客さんに88円戻すべきです。

難易度

★☆☆

Q.28 労働は長く感じる？

ある男が朝から

ずいぶん働いたつもりで時計を見ると、

今日の残りの労働時間は、

働いた時間の3倍もありました。

男は朝から何時間働きましたか？

ただし、1日の労働時間は8時間とします。

28 ANSWER
2時間

知恵！で解く

残された労働時間が（すでに働いた時間の）3倍ということは、1日の労働時間を4等分したとき、働いたのは$\frac{1}{4}$、残された時間は$\frac{3}{4}$ということになります。したがって、働いた時間は、

$$8 \div 4 = 2\text{時間}$$

となります。残された時間は6時間（すでに働いた時間の3倍）で話が合います。働いた時間は$8 \div 3 = 2.66\cdots$時間ではありません。

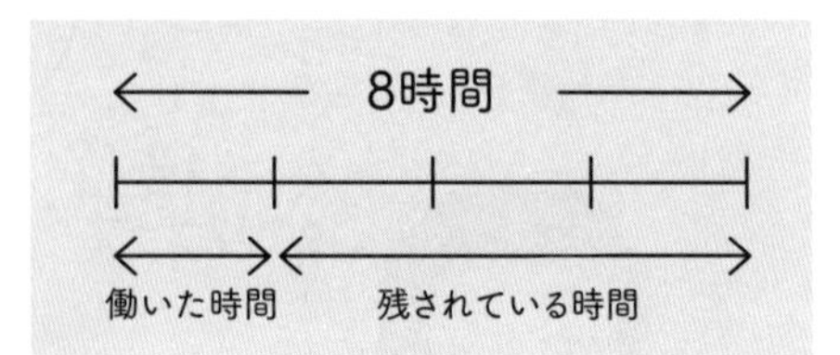

知識！で解く

働いた時間をxとして、$8-x=3x$より、$x=2$で求まります。しかし、方程式では問題に潜む本質（上の図の関係）を見落としがちです。

直感を鍛えるパズル

難易度
★★☆

Q.29 追いつくまでどのくらいかかる？

A、B2人が自動車で日本縦断に出ました。同時に出発の予定でしたが、Bの都合が悪くなり、Aが先に出ました。Aが40キロ地点にいたとき、Bが出発しました。Bが23キロ地点に到達したとき、Aは32キロ先にいました。

BがAに追いつくには、あと何キロ走ればよいですか？

信号停止や給油などに費やす時間は無視します。

ANSWER 29

92キロ

Bは23キロ走る間に8キロつめたわけだから、40キロをつめるには40÷8＝5、つまり、23キロを5回分走る必要があります。

したがって、23×5＝115キロ。すでに23キロ走っているので、あと、115－23＝92キロ走ればよいことになります。

下図のように考えて、23＋32＝55kmとするのは、誤りです。

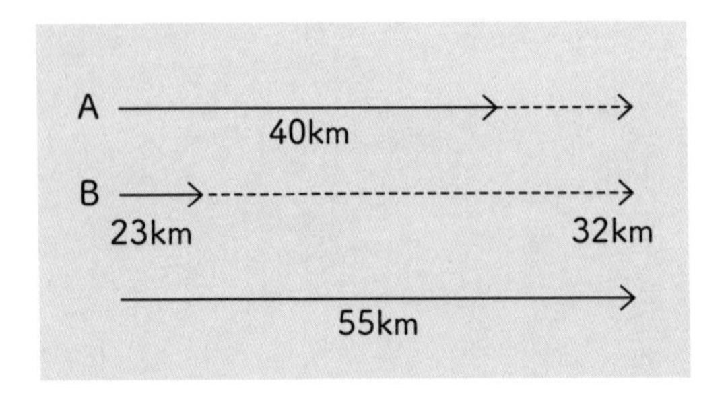

直感を鍛えるパズル

難易度
★★☆

Q.30 投げれば投げるほど確率は上がる？

硬貨を3回投げたときと、

4回投げたときでは、

表が2回出やすいのは

どっちですか?

ANSWER 30
同じ。確率はともに$\frac{3}{8}$

直感では4回投げた方が有利に思えます。確かめてみます。3回投げたとき、出る組み合わせは、それぞれ表・裏があるため、2×2×2＝8通りあります。

つまり、

（表、表、表）、（表、表、裏）、（表、裏、表）、（裏、表、表）
（裏、裏、表）、（裏、表、裏）、（表、裏、裏）、（裏、裏、裏）

の8通りで、このうち表が2回出ているのは3回あるので、確率は$3/8$。

一方、4回投げると、2×2×2×2＝16通りの組み合わせがありますが、このうち、表が2回出るのは

（表、表、裏、裏）、（表、裏、表、裏）、（表、裏、裏、表）
（裏、表、表、裏）、（裏、裏、表、表）、（裏、表、裏、表）

の6通りなので、確率は$6/16 = 3/8$。

3回投げても、4回投げても、直感に反して、同じ確率になります。

難易度
★★☆

Q.31 どっちのゲームが有利？

2種類のゲームがあります。

① 赤が7個、白が3個の、計10個の球が入った袋があり、この中から1個を取り出し、色を確かめます。取り出した球は袋に戻さず、さらにもう1個取り出したとき、同じ色の球が出れば、勝ちです。

② 赤が1つ、白が1つの、計2個の球が入った袋があり、この中から、1個取り出したとき、球が赤なら勝ちです。

最初のゲームと、後のゲームでは、どちらが勝つ確率が高いですか？

ANSWER 31 最初のゲーム

まず、最初のゲームを考えてみます。

最初に赤を取り出す割合(確率)は$7/10$、

2回目にも続けて赤を取り出す確率は

$$(7/10)\times(6/9)$$

です。

一方、最初に白を取り出す確率は$3/10$、

2回目にも続けて白を取り出す確率は

$$(3/10)\times(2/9)$$

したがって、最初のゲームで同じ色になる確率は

$$(7/10)\times(6/9)+(3/10)\times(2/9)=48/90$$

一方、後の方のゲームで赤を取り出す確率は$1/2$です。

したがって

$$48/90=0.53\cdots>1/2$$

なので、最初のゲームの方がわずかに有利です。直感では、あとのゲームの方がかなり有利に思えますが、僅差で最初のゲームの方が有利になります。

難易度
★★★

Q.32 バッグに残る玉は、何色？

バッグの中に、白玉20個、黒玉13個が入っています。あなたはこのバッグからランダムに2個取り出して、玉が同じ色なら白玉1個をバッグに戻し、違う色なら黒玉1個を戻します。

この作業を繰り返していったとき、最後にバッグに残る玉の色は何色ですか?

ただし、はじめに黒が2つ出た場合はやり直すことにします。

ANSWER 32
黒

ちょっと考えると、白玉が多いので残るのは白のような気がします。しかし、上の話をまとめると

① 白白のとき → 白1個を戻す。
② 黒黒のとき → 白1個を戻す。
③ 白黒のとき → 黒1個を戻す。

ここで気がつくのは、黒が減るのは②のときだけで、このとき黒は2個単位で減るということです。つまり、黒は13→11→9→…→3→1という減り方をします。

最後に黒1個、白数個が残るので、2個取り出すと白白、白黒の組み合わせしか起こり得ません。白白のときは白1個をバッグに戻すので、その都度バッグの中から白が1個ずつ減ります。

一方、白黒のときは黒1個を戻すので、このときもバッグからは白1個が減ります。

こうして、バッグの中には最後に黒1個が残ることになります。

この現象は白、黒の組み合わせの出る確率とは関係な

く起こるところが興味深いですね。

偶然、最初に黒黒が出たときは、袋に戻すべき白がありませんので、問題では「やり直し」としてありますが、「借り」としておき、

① 白白が出たとき、本来なら白1個を袋に戻すべきところ、借りの分を含めて2個戻しても、
② 黒黒が出たとき、本来なら白1個を袋に戻すべきところ、借りの分を含めて2個戻しても、
③ 白黒が出たとき、本来なら黒1個を袋に戻すべきところ、借り分の白を含めて、白黒を各1個ずつ袋に戻しても、

最終結果は変わりません。

難易度 ★★★

Q.33 クラスで誕生日が同じって特別なこと？

40人のクラスで、

みんなの誕生日を調べることに

なりました。

同じ人がいるのと、いないのと

どちらの確率が高いでしょうか？

ANSWER 33 「いる」確率。約90%と非常に高くなります。

直感で考えると、366人の集まりだと誕生日が一致する2人が必ず1組はいます(確率100%)。しかし、40人では約10分の1に近いので、まず「いない」と考えたいところです。ところが、実際には9割以上の確率で、「いる」のです。

この考え方の基本は、確率の計算ではよく使う方法です。「いる確率」を考えるのではなく、「いない確率」を考えるのがコツです。つまり、A、Bの2人がいたとき、誕生日は「一致する」か、「しない」かのいずれかです。

式で表すと、誕生日が

「一致する確率」＋「一致しない確率」＝1

となります。

A、Bの「誕生日が一致しない」確率を考えると、1人目のAは、いつ生まれても誰とも一致しないので、確率は365/365、つまり1です。しかし、2人目のBは、Aが生まれた日を外す必要があるので、364/365です。したがって、2人の誕生日が「一致しない」確率は

(365/365)×(364/365)

となります。

逆に2人が「一致する確率」は、以下のようになります。

1－（2人が一致しない確率）

＝1－（365/365）×（364/365）

です。これを計算すると、

1－（365/365）×（364/365）

＝1－132860/133225

≒1－0.997

＝0.003

2人の誕生日が同じになるには確率はわずか0.3%。まず「いない」と考えた方がよいとわかります。3人の場合も考え方は同じです。3人目のCがA、Bの2人と一致しないためには、2人を外した日であればよいので、363/365です。したがって、3人が一致しない確率は

（365/365）×（364/365）×（363/365）

です。上と同様に考えると、3人の中で1組でも「一致する確率」は

　1－(365/365)×(364/365)×(363/365)

＝1－48228180/48627125

≒1－0.992

＝0.008

3人集まっても誕生日が同じという人がいる確率はわずか0.8%で、1%にも達しません。

この計算を60人までパソコンを使って求めたのが、下の表です。直観とは全く違って、50人集まると、誕生日の同じ人がいる確率は90%以上になります。

人数	同じ確率
2	0.3%
3	0.8%
4	1.6%
5	2.7%
10	12%
15	25%
20	41%
30	71%
40	89%
50	97%
60	99%

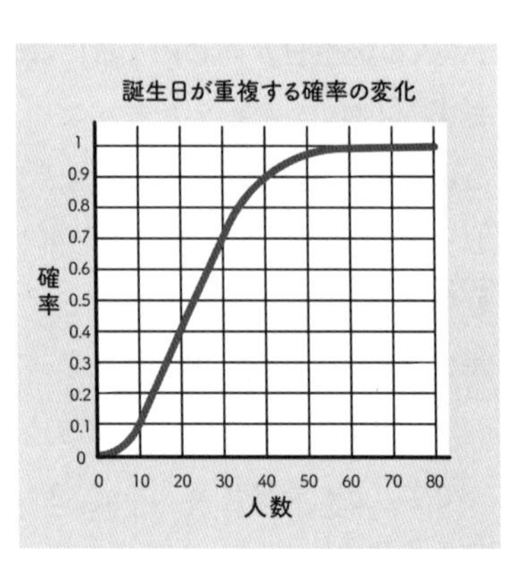

直感を鍛えるパズル

Q.34 新世紀の最初の年が日曜日になるのはいつ？

20世紀のはじまり、

1901年1月1日（元旦）は火曜日でした。

今後、21世紀、22世紀、23世紀…と

新世紀が続きますが、

「新世紀の最初の年の元旦」が

日曜日になるのは、何世紀ですか？

ヒント！

1年が366日となるうるう年がカギです。
うるう年とは、100の倍数年でない4の倍数年です。
（ただし、400の倍数年は含みます。）

ANSWER 34 新世紀のはじまりが日曜日になることはありません

20世紀はうるう年が25回ありました(2000年はうるう年)。したがって、20世紀の100年間は

$$365\times75+366\times25$$
$$=365\times100+25$$
$$=36525日$$

ありました。これを週に換算すると

$$=5217\times7+6$$

つまり、100年間で5217週あり、この限りでは曜日がずれませんが、＋6とあるので、6日間分、曜日がずれることがわかります。つまり、1901年の元旦が火曜日なら、新世紀(21世紀)の元旦は6日ずれて月曜日になります。

同じ考え方で、21世紀の100年間を計算すると、この世紀はうるう年が24回あるので(21世紀の最後の年2100年はうるう年ではない)、

$$365\times76+366\times24$$
$$=5217\times7+5$$

となり、22世紀の最初の年の元旦は21世紀の最初の年(2001)の元旦(月曜日)から5日ずれて、土曜日になり

ます。

この考え方を繰り返し使うと、以下のようになります。

1901年1月1日　火曜日
2001年1月1日　月曜日（前世紀1月1日火曜日の6日あと。2000年はうるう年）
2101年1月1日　土曜日（月曜日の5日あと）
2201年1月1日　木曜日（土曜日の5日あと）
2301年1月1日　火曜日（木曜日の5日あと）
2401年1月1日　月曜日（火曜日の6日あと。2400年はうるう年）
2501年1月1日　土曜日（月曜日の5日あと）
2601年1月1日　木曜日（土曜日の5日あと）

新世紀の最初の年の1月1日（元旦）の曜日は「火、月、土、木の繰り返し」になるので、新世紀の最初の年の元旦が日曜日になることはありません。

うるう年のことについて詳しく知りたい方は、『時と暦』（青木信仰、東京大学出版会）、または拙著『「Cの壁」を破る！』（p90-93、p113-119）（共立出版）を参照してください。

Beat Your Brains out
第4章
江戸時代の
パズル
ONOMONDAI

算数や数学が嫌いという人は、少なくありません。嫌いになっている理由の1つが、学校数学では、問題の本質を考える前に、どの公式が当てはまるかを考えさせられるからです。問題に当てはまる公式をいち早く見つけ出すことが、受験合格の秘訣になっています。

こうしたところから、ある予備校で「数学は暗記科目」と教えているというのも、うなずけます。しかし、これでは数学の本当の面白さを発見できません。最近話題になっている、大学入試の「記述式」は、国語に限らず数学でも必要なことです。というのも、「どう考えて、答えを導き出したか」を言葉で表すことは、数学の本質に迫るもので、とても大切なことだからです。

江戸時代は公式を使うという考えがまだ普及していなかったので（公式そのものが一般には知られていなかった!）、問題の本質を考えて、知恵を駆使して、答えを導き出していました。江戸時代の数学書『塵劫記（じんごうき）』、『勘者御伽草紙（かんじゃおとぎぞうし）』などを読むとそれがよくわかります。問題を解くことは、まさしく発見する喜びそのものでした。

ここでは、数学の問題を公式適用の対象としてではなく、知恵を使うパズルの問題として捉えてみたいと思います。

江戸時代のパズル

難易度
★☆☆

Q.35 盗んだ布の総量を見破れ

橋の上を通ると、何人かで、盗んだ品の分け方を相談している声が聞こえました。12反ずつ分けると12反あまり、14反ずつ分けると、6反不足するようです。

それを聞いていた橋の上の男は「盗人の数と反物の量」がわかりました。あなたは、わかりますか？

ANSWER 35 盗人9人、反物120反

知恵！で解く

「12反ずつ配ると、12反あまり、14反ずつ配ると6反不足する」ので、12反ずつ配ってあまった12反を2反ずつ配ると、もらえない人が3人出ることがわかります(6反不足なので)。逆に、2反もらえた人は6人いたことになります。

したがって、「もらえた人6人」＋「もらえなかった人3人」で、全部で盗人は9人いたことがわかります。したがって、反物の数は14×6人＋12×3人＝84＋36＝120反とわかります。

知識！で解く

人数をx、反物の数をyとすると、問題の意味から

$$y=12x+12$$

$$y=14x-6$$

これを解いて、$x=9$、$y=120$

こぼれ話

江戸時代は、上記のように「知恵」を使って、解いたと思われます。この問題は『塵劫記(じんこうき)』(吉田光由(よしだみつよし)、初版寛永(かんえい)4年＝1627年)という本の中に出ています。

難易度 ★★☆

Q.36 江戸時代の魔方陣

1～9の整数を

それぞれ1回だけ使って

3×3の縦、横、斜め、

いずれの和も等しくなるように、

9つのマス目を埋めてください。

36 ANSWER 下図の通りです

1から9までの総和は45、1列に3個のマスがあるので45÷3で15。つまり、1列が15になるように割り振ればよいことがわかります。そこで真ん中の5を中心に考えると、15になるのは、つぎの4通りあります。

1＋5＋9

2＋5＋8

3＋5＋7

4＋5＋6

たとえば、1番上の組み合わせを使って、表を以下のように埋めてみます。

	1	
	5	
	9	

次に、9を真ん中にして15になるのは、残りの数から考えて、たとえば2＋9＋4。

	1	
	5	
2	9	4

次に、最上段の1を真ん中にして15になるのは、残りの数から考えて6＋1＋8。

6	1	8
	5	
2	9	4

残りの数字3、7を使って、残りの2カ所を埋めると、以下のようになります。

6	1	8
7	5	3
2	9	4

ANSWER

こぼれ話 >

3×3の魔方陣は裏返しや回転を同じものとみなすと答えは1つであることが知られています。

そこで、この並びを

憎し(294)と思うな　七五三(753)

六一(61)坊主に　ハチ(8)が刺す

とした覚え歌が残されています。

魔方陣は単に、「方陣」(magic square)とも呼ばれます。中国には、夏(か)王朝の始祖・禹(う)が治水工事をしていたとき、背中に方陣の模様のある亀が現れたという言い伝えがあります。ただし、いまから4千年も前の話で、真偽のほどは明らかではありません。

このほかにも、アラビアやインドでも魔方陣を御守や魔除けにしていた話が伝えられています。

わが国でも、江戸時代に「魔方陣」と呼ばれ、遊びの一種として知られていました。この問題は3×3ですが、4×4、5×5…もあります。

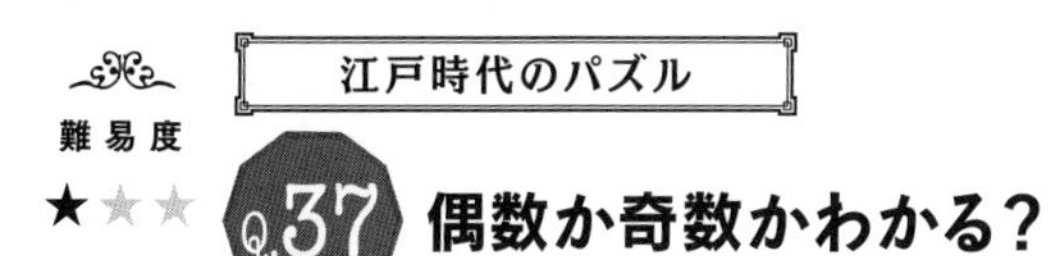

難易度 ★☆☆

Q.37 偶数か奇数かわかる？

碁石を前にして、相手に

「この中から、一方の手に奇数個を取り、

他方の手に偶数個取って、左手の個数を3倍、

右手の個数を2倍して、

その和（総計）を計算してください」

と言ったところ、

相手は、41個と答えました。

左右の手の碁石の数の

奇数、偶数がわかりますか？

37 ANSWER 左手が奇数個、右手が偶数個

知恵!で解く

偶数を3倍すると偶数(例:$2\times3=6$)、奇数を2倍するとこれも偶数(例:$5\times2=10$)になるので、この2つの和、偶数+偶数は偶数になります。したがって総和が偶数なら、左手が偶数個、右手が奇数個と言えます。

また、奇数を3倍すると奇数(例:$3\times3=9$)になり、偶数を2倍すると偶数(例:$4\times2=8$)になります。この2つの和は奇数+偶数=奇数(例:$3+8=11$)になり、問題の答え(総和)が41(奇数)ということなので、左手が奇数個、右手が偶数個とわかります。

知識!で解く

x、yを整数として、上の考えを数式で表すと、
偶数は$2x$、奇数を$2y+1$の形で表せるので

左手　右手

① 3×奇数+2×偶数

$=3(2y+1)+2(2x)$

$=2(2x+3y+1)+1$ ………… 奇数

② 3×偶数＋2×奇数

$=3(2x)+2(2y+1)$

$=2(3x+2y+1)$ ……………… 偶数

①、②から、総計が奇数ならば、左手が奇数個、右手が偶数個。総計が偶数ならば、左手が偶数個、右手が奇数個とわかります。

こぼれ話

江戸時代の遊びに

甲「左手のなかの個数を2倍して、右手のなかの個数を3倍したら、その和はいくら?」

乙「16になります」

これを聞いた甲が「乙の左は奇数個」、「右手は偶数個」と、わかる話があります。

甲は16という個数が知りたいのではなく、計算結果を知れば、左右の手が奇数か偶数かを当てられる仕組みです。(平山諦(ひらやまあきら)『東西数学物語』)

?
えーっと…3倍たす…
2倍…

難易度
★★☆

Q.38 薬師算（やくしざん）

たくさんの碁石があります。この中から、一辺が4個以上となるように碁石を並べて、中空（外枠だけ）の正方形をつくります。次にそれを一辺の長さに合わせて横並びにしたとき、最後の列（数学では「行」という）に端数が出ます（下図参照）。

この端数の数から、正方形全体の碁石の数がわかりますか？

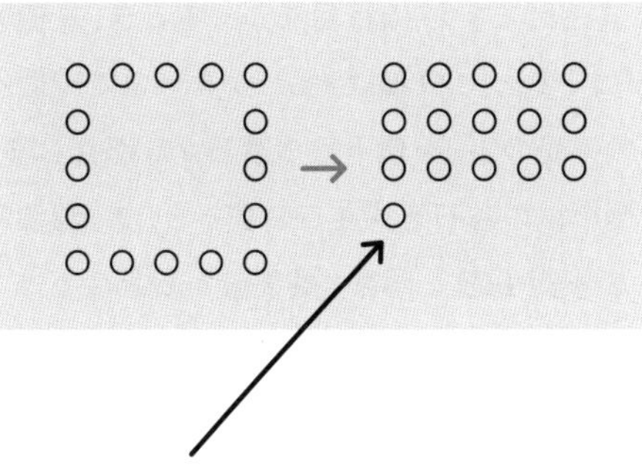

この1個から、全体の個数を知ることができますか？

ANSWER 38
例では碁石の個数は16個

一辺の個数がn個からなる中空の正方形を考えます。このとき、碁石の全個数Sは

$$S=4n-4 \cdots\cdots ①$$

になります。四隅の石は重複しているので、単純に$4n$とはなりません。この正方形を一片の個数に合わせて並べ替えると、最後の行は4個不足します。なぜでしょう?

先の例を使って説明します(わかりやすくするため、最下段の碁石を黒色にします)。さて、1行目は元の碁石をそのまま使えますが、2行目をつくるとき、左側の縦列を横並びにすると、(白石は3個しかないので)2個不足します。その不足の2個を最下段の碁石から都合します。つぎに、右側の縦の碁石を横並びにすると、また2個不足します。この不足も前と同様、最下段から都合します。これで最下段は4個不足したことになります。

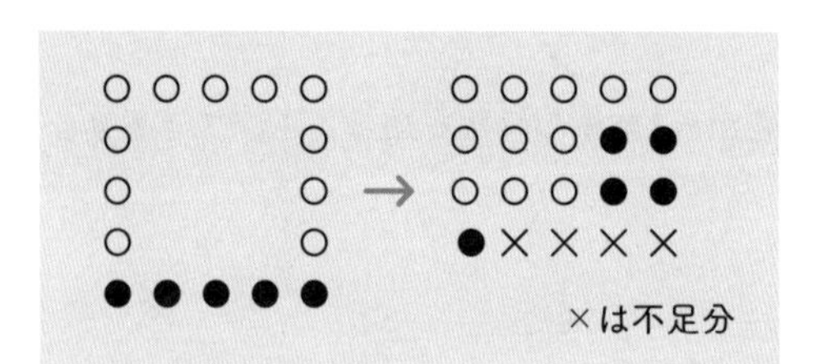

これは、一辺がn個の場合でも成り立ちます。この例では一辺が5個ですから、5－1行できますが、最後の行は4個(＝2×2)不足します。n個の場合も、$n-1$行できますが、最後の行は必ず4個不足します。というのも、一辺あたりの個数が何個であっても、左右の縦列で1行をつくるときは、両端の2個分が不足してしまうからです。つまり、最後の行に残った碁石の個数をmとすると、$m+4$が1行あたりの碁石数nになります。

$n=m+4$ ……………… ②

②を①に代入すると、碁石の総数Sは

$$S=4n-4$$
$$=4(m+4)-4$$
$$\boxed{S=4m+12}$$

となるので、残った碁石の数mがわかれば、全体の数Sはわかります。例では、$m=1$の場合なので

$S=4\times1+12=16$個

になります。

ANSWER

また、たとえば「4個残った」($m=4$)と言われれば、総数は4×4+12=28個です。

この場合、一辺が8個の正方形です。

(なぜなら、(28+4)÷4=8)

こぼれ話

薬師算は江戸時代の『塵劫記』(寛永8年=1631年)に初めて見られ、中国や西洋の文献には見られないようです。

その後、『勘者御伽草子』(寛保3年=1743年)や『和国知恵較』(享保12年=1727年)には、正方形を三角形に変形したものが見られます。

なお、薬師算という名前は、(残りの数×4+12の)12という数に由来しています。薬師如来は、12の誓願を立てて、衆生の病苦を救ったと伝えられています(平山諦『数学東西物語』)。

油わけ算

容量10ℓの枡に、

油がいっぱい入っています。

これを、7ℓと3ℓの枡を使って、

できるだけ少ない操作（移し回数）で

5ℓずつに分ける方法を考えてください。

ただし、10ℓ枡を斜めにして

半分を量るのは、不可とします。

39 ANSWER
9回で終わります

横方向(行)に操作回数を取り、縦方向(列)に油の動きを取ると

初期値＼回数	1	2	3	4	5	6	7	8	9
10ℓ	3	3	6	6	9	9	2	2	5
7ℓ	7	4	4	1	1	0	7	5	5
3ℓ	0	3	0	3	0	1	1	3	0

こぼれ話

最初に3ℓに移してもできますが、操作回数が10回になります。これは、江戸時代の『割算書(わりざんしょ)』(毛利重能(もうりしげよし)、元和(げんな)8年＝1622年)、『塵劫記』(吉田光由、1627年版)に「油わけ算」として見られます。

江戸時代のパズル

難易度 ★★☆

Q.40 何年待てば、結婚できる？

江戸時代のこと、当年30歳になる男が、7歳の女の子を見初めました。「嫁に欲しい」と親に掛け合ったところ、親は「年の差がありすぎる、娘はまだ7歳、あなたの年齢の1/4にも満たない。せめて半分なら…あきらめていただきましょう」というつれない返事。

男はしつこく、「半分ならよろしいのか」と念を押しました。男の年齢が女の子の年齢の2倍になるには、何年待てばよいですか。

40 ANSWER
16年。男46歳、女23歳

知恵！で解く

答えを図にすると、以下のようになります。

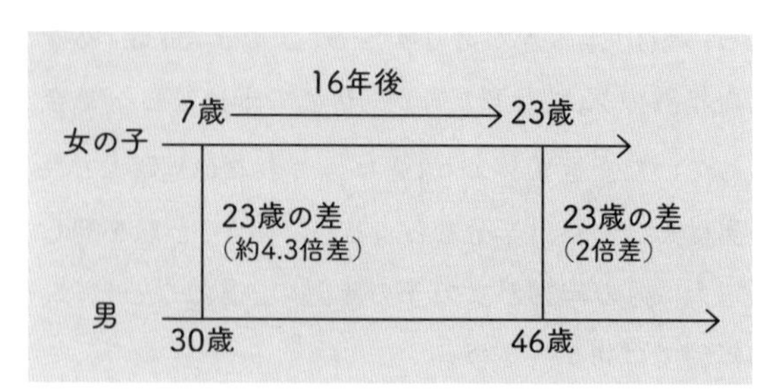

女の子と男の年齢差は23歳なので、女の子が23歳になるときに、男の年齢は2倍になります。7歳の女の子が23歳になるのは16年後。このとき男は30＋16＝46歳になっています。

この「からくり」は、7歳の1年と30歳の1年では、年齢に対して1年が占める割合が違うところにあります。

つまり、

1÷7≒0.143

1÷30≒0.033

7歳の1年は、30歳の1年の4倍以上。したがって、男30歳、女7歳のときの2人の年齢差の割合(比率)は

$30 \div 7 \fallingdotseq 4.286$倍

しかし、1年後には

$31 \div 8 = 3.875$倍

さらに、1年後は

$32 \div 9 \fallingdotseq 3.556$倍

と次第に詰まります。以下同様に考えて

$46 \div 23 = 2$倍

が得られます。

知識!で解く

x年後に2倍になるとすると

$(x + 7) \times 2 = 30 + x$

これを解いて、$x = 16$。簡単に解けますが、「2人の年齢差の変化」は見えてきません。

こぼれ話

この問題は『勘者御伽双紙』(中根彦循著、1743)の中で「男女待年嫁事」として出てきますが、この本の解法では「女子の年数7つを2倍して、これを男の年数30から引くと、16となる」と解説しています。

つまり、方程式の展開を言葉で述べていますが、この仕組み(原理)については述べていません。おそらく、当時は各流派が「秘伝」としていたのではないかと思われます。興味深いことです。

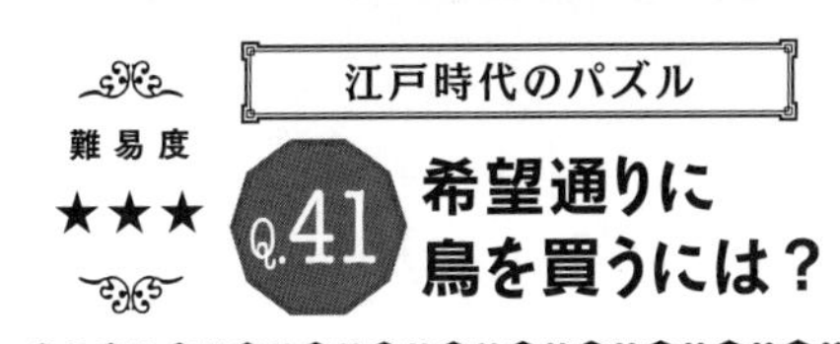

江戸時代のパズル

難易度 ★★★

Q.41 希望通りに鳥を買うには？

おんどり1羽5円、めんどり1羽3円、

ひなは3羽で1円です。

使えるお金は全部で100円、

これで100羽を買うには、

おんどり、めんどり、ひなを

何羽ずつ買えばよいですか？

答えは1通りではありません。

41 ANSWER
(おんどり、めんどり、ひな)の順に (4、18、78)、(8、11、81)、(12、4、84)

知恵!で解く

100円でおんどりを買えるだけ買うと、20羽買えます。

100円…20羽(おんどり) ……………………… ①

ところで、めんどりは1羽3円、ひなは3羽で1円なので

　1羽…3円(めんどり)
＋ 3羽…1円(ひな)
―――――――――――
　4羽…4円

いま、おんどりが20羽なので、100羽には80羽足りません。この数を埋めるには安い「ひな」をたくさん買うことです。そこで、上の関係を10倍して

40羽…40円

40円を浮かすには、おんどりを8羽減らさねばなりません。このとき①の関係は以下のように変化します。

60円…12羽(おんどり)

40円…40羽(めんどり10、ひな30) ……… ②

数は増えましたが、100羽にはまだ48羽不足しています。この不足分を、めんどりとひなの数を調整して埋め

ることを考えます。つまり、いまおんどりを除いて、40円で88羽買う必要があります。

めんどり3羽を買うには9円かかります。しかし、ひななら3羽を1円で済みます。同じ3円を使ってもめんどりとひなでは1:9の差が出ます。

すべてひなを買ったとすると、88÷3羽≒29.3円。

つまり、ひなにかけるお金は29円以下となります。29円をひなに使うとき、残りは11円です。めんどりは1羽3円なので、11円に近い3の倍数の12円を使うとします。すると、

めんどり：$12/3$＝4羽

ひな：28円×3＝84羽

4＋84＝88羽

で、ぴったり。金額も40円でぴったり。つまり

（答え1）

おんどり12羽（60円）、めんどり4羽（12円）、ひな84羽（28円）。合計100羽（100円）

ところで、おんどり1羽(5円)とひな3羽(1円)減らすと、6円が浮きます。この6円でめんどり2羽が買えます。しかし、4羽(＝1羽＋3羽)減らして2羽増えるのでは2羽不足します。安いひなを多く減らすのは得策ではありません。

そこで、おんどりを4羽減らして20円浮かし、ひなを3羽減らして1円浮かすと、21円が浮きます。これは3の倍数なので、この21円でめんどりが7羽買えます。つまり7羽(＝4羽＋3羽)減らして、7羽増えるので、差し引きゼロ。ゆえに

(答え2)

おんどり8羽(40円)、めんどり11羽(33円)、
ひな81羽(27円)、合計100羽(100円)

同様に、さらに、おんどりを4羽、ひなを3羽減らすと

(答え3)

おんどり4羽(20円)、めんどり18羽(54円)、ひな78羽(26円)。合計100羽(100円)

知識!で解く

おんどりをx羽、めんどりをy羽、ひなをz羽とすると、

$$5x+3y+\frac{1}{3}z=100 \quad \cdots\cdots ①$$

$$x+y+z=100 \quad \cdots\cdots ②$$

②より

$$z=100-x-y$$

これを①に代入して

$$5x+3y+\frac{1}{3}(100-x-y)=100$$

$$y=25-\left(\frac{7}{4}\right)x$$

yは正の整数だから

❶ $x=4$のとき、$y=18$、$z=78$

同様に、

❷ $x=8$のとき、$y=11$、$z=81$

❸ $x=12$のとき、$y=4$、$z=84$

こぼれ話

この問題はいまから約1500年前の中国の『張丘建算経』という本に出ている問題です。「張丘建」は人の名前。この問題では金銭の単位は変えてありますが、基本的には元のままです。

わが国では、明暦3年(1657年)に柴村藤左衛門が著した『格致算書』に、「鳥」を「茶碗、皿、かわらけ(土器)」に変えて出ているのが最初のようです。

(不定)方程式を使うと簡単に解けますが、機械的なので、問題の本質(1羽当たりの金額の差など)を見逃しやすく、頭脳の訓練にはなりません。

この問題を「おんどりをできるだけ多く買うには…」と変形した問題を見かけたことがありますが、解き方は同じです。

Beat Your Brains out
第5章
世界の
手ごわい問題
ONOMONDAI

一筋縄ではいかない問題ばかりですが、視点を変えると、案外うまくいきます。そのときの快感は格別です。答えに窮して、解答を読んでも「なるほどねぇ」と同じ快感が得られます。こうした難問の多くは、海外のIT起業の入社試験で見かけられるもので、文献(17)、(21)などに同じ問題や類題が掲載されています。

アメリカのIT関連企業の入社試験は、「知識」を問うよりも、「知恵」や「論理」、「機転」を問う問題が多いように見受けられます。たとえば傑作なのは、アップルの入社試験で「2001年の出来事(ニュース)は?」というもの。アップル社が期待したのは「iPodが発売された」もしくは「Apple Store 1号店が開店した」という答えだったらしいのですが、2001年は、9月11日に同時多発テロがアメリカで起きた年なので、受験者の多くはそちらに気を取られたようです。

また、シリコンバレー内の、あるIT関連企業の入社試験で「魚のいない海で魚を釣り上げる方法は?」という問題が出されました。企業側は「(海を市場、魚を消費者とみなして)無駄なことはしない」、「魚が来るまで待つ」などを期待していたそうです。いずれにせよ、ありきたりの知識では対応できないので、脳トレにはもってこいの問題です。

難易度 ★★★★

Q.42 アメリカのIT企業が求める論理力

5つの箱が横一列に並べられています。

猫はその箱のどこかに入っていて、夜になると左右いずれかに1つだけ移動します。

あなたは毎朝1つだけ箱の中身を確認することができます。

猫が隠れている箱を、遅くとも何日目の朝には見つけることができますか?

(アメリカIT企業入社試験)

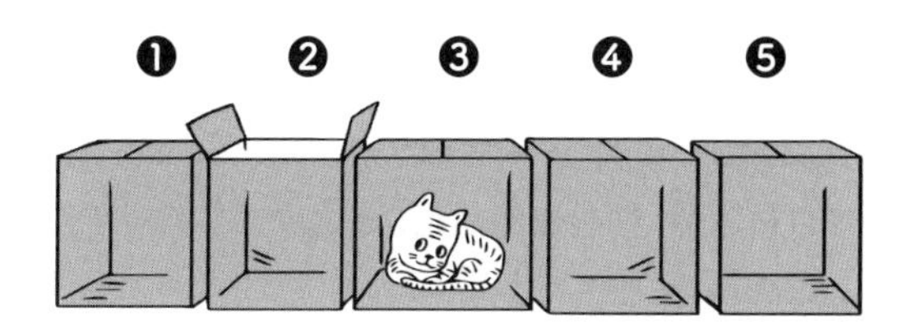

ANSWER

42 遅くとも6日目には見つけられます

猫が1日目の朝、偶数番(❷または❹)の箱にいるとします。

① 1日目朝:❷を調べます。猫が見つかれば、終わり。見つからなければ、❹にいることになります。

② 2日目朝:❸を調べます。猫が❹から❸に移動していれば、見つけられます。しかし、❹から❺に移動していれば、見つけられません。

③ 3日目朝:❹を調べます。(前日、猫は❺にいたので)夜に❹に移動していて、必ず見つけられます。

猫が1日目の朝、偶数番の箱にいた場合、上のやり方で必ず見つけられます。

しかし、③で見つけられなかった場合は、猫が1日目朝に奇数番(❶または❸または❺)にいたということです。

そして、1日目夜に必ず偶数番目(❷または❹)に移動し、

2日目夜には奇数番目、3日目夜には偶数番目に移動します。したがって4日目朝は、偶数番目を調べればよいのです。

つまり①〜③の手順を繰り返すことになります。

④ 4日目朝：❷を調べます。見つかれば、終わり。見つからなければ、❹にいることになります。

⑤ 5日目朝：❸を調べます。見つかれば、終わり。見つからなければ、❺にいるはずです。

⑥ 6日目朝：❹を調べれば、必ず見つけられます。なぜなら、前日夜に❺→❹へ移動しているからです。

猫は奇数番目にいようが、偶数番目にいようが、遅くとも6日目には見つけられます。

こぼれ話

この論理は一見わかりにくそうですが、単純な場合で考えると、わかりやすいでしょう。たとえば、箱が❶と❷の2つしかない場合、1日目に❶を調べ、猫がいなければ、❷にいたということになります。そこで、2日目に再度❶を調べると、(夜に❷→❶と移動しているので)遅くとも2日目には見つけられます。

また、箱が❶、❷、❸の3個あるときは、1日目に❷を調べるとよいです。見つからないということは、❶か❸にいることになるから、2日目も再度❷を調べると、必ず見つけられます。なぜなら、その日の朝、❶にいようと、❸にいようと、夜に❶→❷または❸→❷と移動しているからです。

Q.43 沈黙は雄弁である

A、Bの2人に、異なる正の整数を1つずつ渡します。この2つの整数は連続しています。お互いは自分に与えられた数字はわかりますが、相手の数字はわかりません。わかっているのは数字が「連続した正の整数」だということです。

たとえば、Aが10をもらった場合、Bは9か、11です。しかしAには、どちらかわかりません。もしBが9であれば、「Aは8か10だろう」と考えます。

2人には、次の要領で「相手の数字を当てる」ゲームをしてもらいます。

① 毎分ごとにベルが鳴るので、相手の数がわかれば答えます。わからなければ沈黙します。
② 答えが正しければその人の勝ち、間違っていたらその人の負けです。
③ 2人は相談してはいけません。

いまAに4、Bに5が与えられたとき、どちらが、何回目のベルで、相手の数を当てることができるでしょうか。

43 ANSWER
Aが4回目に「Bは5」だと答えます

まず、簡単な場合で考えてみましょう。Aに1、Bに2が与えられたと考えてみます。A、Bそれぞれは以下のように考えるはずです。

A「私が1だから、Bは0か2のはず。でも、0は正の数ではないから、Bは2だ。ベルが鳴ったら、『Bは2だ』と言おう」

B「私が2ということは、Aは1か3のはずだが、いまは何とも言えない。確率は5分5分だ。ベルが鳴ってもAが沈黙していたら、1ではないとわかるので、2回目のベルで『Aは3だ』と答えよう」

1分後、ベルが鳴りました。Aは「Bは2だ」と正解できます。逆に、Aに2、Bに1が与えられたときは、Bが先に正解できます。

つぎに、Aに2、Bに3が与えられたときを考えてみます。

A「私が2ということは、Bは1か3だ。しかし、現段階ではどちらとも言えない。しかし、Bが1なら、1回目のベルの後で私を2だと当てるはずだ。ベルが鳴ってもBが沈黙していたら、Bは3だから、2回目のベルの後で答えよう」

B「私が3ということは、Aは2か4のはずだ。もしAが2だったら、私を1か3だと思うだろう。しかし、1回目のベルで私は沈黙するので、Aは2回目に私を3だと言うだろう。ただし、2回目にAが何も言わないときは、Aは2ではないということなので、3回目のベルで私はAを4だと当てることができる」

1分後、ベルが鳴りましたが、二人とも沈黙しています。そこで、二人は再度考えます。

A「ベルが鳴ったのに、Bは沈黙している。ということはBは1ではなく、3だ。こんどベルが鳴ったら、答えてやろう」

B「ベルが鳴ったのに、私が沈黙しているのを見たAは、私が1でないことを知ったはずだ。しかし、私としてはいまはまだ何とも言えない。」

さらに1分後(最初から2分後)、ベルが鳴ったとき、Aは「Bは3です」と答えられます。

長くなりましたが、次のページからはいよいよ本題に入っていきましょう。

Aが4、Bが5のときを検討します。

Aは4なので、Bを3か5だと考えます。

ここでAが、B＝3だと仮定すると……………（仮定❶）

Bは自分(A)を2か4だと予想しているはずです。

ここでBが、Aは2だと仮定すると、……………（仮定❷）

Aは自分(B)を1か3だと予想するでしょう。

仮にBが1であるならば、…………………………（仮定❸）

1回目のベルで、Bは「Aを2」だと言えるはずです。しかし1回目のベルのあと、Bは沈黙しています。よって、Bが1という仮定❸は誤りで、Bが3である可能性が出てきます。

仮定❷が正しければ、次の2回目のベルで、Aは、「Bは3だ」と言ってくるはずですが、Aは沈黙しています。よって仮定❷も間違いであるとわかります。

仮定❶が正しければ、次の3回目のベルで、Bは「Aが4」であると言うはずですが、3回目のベルの後、Bはやはり沈黙しています。

ここで仮定❶も誤りであり、Bが5であるとわかります。つまりAは4回目のベルで、Bは5だと答えることができます。

こぼれ話

この問題には、nと$n+1$という連続した数が与えられたとき、小さい数nを与えられた方が、常にn回目のベルのあとで正解できるという「からくり」があります。高校数学では「数学的帰納法」と呼ばれています。コンピュータのプログラミングを学んだ人は「再帰呼び出し」(recursive call)という考え方を思い出すかもしれません。

この問題の初出は、私が調べた限りでは文献(「Math Puzzle vol.1」)です。アメリカのIT企業の入社試験で使われているようです。

世界の手ごわい問題

数学オリンピックに挑もう

AとBは、シェルリと友達になったばかりです。2人はシェルリの誕生日を訊きましたが、いたずら好きの彼女は10個の日にちを候補にあげました。

5月15日	5月16日	5月19日
6月17日	6月18日	
7月14日	7月16日	
8月14日	8月15日	8月17日

そして、Aには「月」だけを、Bには「日」だけを教えました。

その後、AとBは2人で次のような会話をしました。

Aの発言「僕はシェルリの誕生日を知らないけど、Bも知らないことは間違いない」
Bの発言「僕も彼女の誕生日は知らなかったけど、いま(Aの話から)わかったよ」
Aの発言「僕も(Bの話から)いま、わかったよ」

シェルリの誕生日はいつですか?

?
BIRTHDAY
?
!
A
B

Answer

ANSWER 44 7月16日

この問題は、AやBの発言を、「解答者の立場」で考えることが大切です。

① Aの発言の後半部「Bも知らないことは間違いない」からBがわかることは、Aはシェルリの誕生日が7月か8月と伝えられたということです。

なぜなら、Bは日を教えられているので、もし19、18のいずれかを教えられていれば、19、18を持つ月はそれぞれ5月、6月以外にはないので、すぐに、誕生日がわかるからです。

② またBの発言の後半部「いま、わかったよ」も深い意味を持っています。誕生日は7月か8月とわかったので、残された日は次の5通りに限定されます。

7月14日	7月16日	
8月14日	8月15日	8月17日

Bは自分が教えられた「日」を参照すれば、シェルリの誕生日を見抜けるわけです。

ということは、14日ではないことがわかります。なぜなら、14日は、7月にも8月にもあるので、(日しか知らない)Bは「月」を特定できないからです。この段階で、残された候補は以下の3通りです。

7月16日	
8月15日	8月17日

③ Bの「いまわかったよ」という発言を聞いたAは「僕もいま、わかったよ」と言いました。これは、15、17の2つを持つ8月でないことを意味します。なぜなら、「日」を知らないAが上の3通りから決定できるのは、7月16日に限定されるからです。

こぼれ話

この問題はシンガポール&アジア数学オリンピック(SASMO:Singapore and Asian Schools Math Olympiad)で14-15歳(日本の中学生)対象に出題された問題ですが、楽しくかつ難問なのでネット上でも話題になっています。原作者はNSA勤務の数学者Stephenと言われています。

★★★

Q.45 アメリカのIT企業が求める交渉力

A、B、Cの3人の男が

100枚の金貨の分け方で思案しています。

3人には「分け方を決める順位」がついていて、

A、B、Cの順です。

したがって、最初に、

最上位のAが分け方を決めますが、その分け方

の可否は多数決で決めます。

反対が賛成を上回ったときは、

Aは仲間から外され、

分け方の決定権は上位のBに移ります。

Aが仲間から外されず、

しかも出来る限り多くの金貨を取るには、

どのように分配すればよいですか？

B
A
C

Answer

ANSWER 45 A99枚、Bは0枚、Cは1枚

まず、AとBの2人の場合を考えます。このときはAが100枚全部を取ることができます（Bが反対しても反対>賛成とはならないので）。

次に、A、B、Cの場合を考えてみます。このとき、Aが100枚全部を取ろうとすると、B、C2人の反対にあうでしょう。すると反対>賛成なので、Aは仲間から外されます。

そこで、Aとしては、BかCのどちらかを味方につける必要があります。

もし、Bに金貨1枚を分けると、なにももらえないCが反対するだけでなく、Bも反対します。なぜなら、2人で反対すればAを外すことができ、主導権はBに移るからです。Bは分配の権利を握ると、（Cが反対しても）100枚全部を独り占めできます。

そこで、AはCに1枚を渡します。すると、Bは反対しますが、Cは反対しません。なぜなら、Aが外されたら、主導権を握ったBに100枚全部を取られ、自分（C）はなにももらえないことがわかるからです。しかし、いまC

が賛成すれば、1枚はもらえる分、まだマシです。こうして、Aは99枚、Cは1枚でも、賛成>反対となり、成立します。直感では三等分と思いがちですが…。

この問題はA、B、C、D、Eの5人の場合でも、同じ考え方を適用できます。試してみてください。ただし、順番はA>B>C>D>E とします。

結果は(A、B、C、D、E)=(98、0、1、0、1)。

こぼれ話

本問はgoogle入社試験問題(文献(22))と言われているものを改変したものです。

世界の手ごわい問題

Q.46 アメリカのIT企業が求める発想力

テーブルの上にたくさんの硬貨が

置かれています。そのうちの10枚は

表が出ていますが、残りは全部、

裏になっています。

あなたは目隠しをされて

「表を向いている硬貨の数が等しい

2つのグループを作ってください」

と言われました。どうしますか?

表
表
表
表
表
表
表
表
表
表

Answer

46 ANSWER 任意の10枚とその他残りに分け、10枚の方の硬貨をすべて裏返す

10枚のグループをAとし、残りのグループをBとします。グループA(10枚)の中に表が(たとえば)3枚入り込んだとすると、裏になっているのは7枚です。一方、Bグループには7枚(=10−3)の表が残っていることになります。

そこで、Aグループ10枚の方を全部裏返すと、3枚は裏に、7枚は表に変わって、Bグループの表の枚数と同じになります。

ここでは、Aグループの表の枚数を3枚としましたが、一般にn枚(≦10)としても結果が同じになることは自明です。

こぼれ話

この種の問題は、アメリカのIT関連企業の入社試験問題として、よく利用されており、アップル社でも使われていたようです。

世界の手ごわい問題

難易度 ★★★

Q.47 東大の入試問題も解ける？

「ゆとり教育」が叫ばれていた時代、

学校教育では円周率「3.1415…」を、

「3」と教えていました。

その後、いろいろな弊害が指摘され、

いまでは「3.14」に戻りました。

さて、円周率は3より大きいことを、

簡単に説明してください。

47 ANSWER 考え方は下記の通りです

円周率は「円周の長さ÷直径」と定められています。

直径1の円に内接する6角形を書くと、円の中心を頂点とする6つの三角形ができ、どの三角形も（各頂点が60度の）正三角形になります。直径1の半分は0.5なので、6角形の各辺の長さの和は3（＝0.5×6）になります。

円周の長さ＞内接する六角形の長さの和

なので、円周の長さ÷直径は3より大きくなります。

6角形の各辺の長さの和÷直径
＝3÷1
＝3＜円周の長さ÷直径

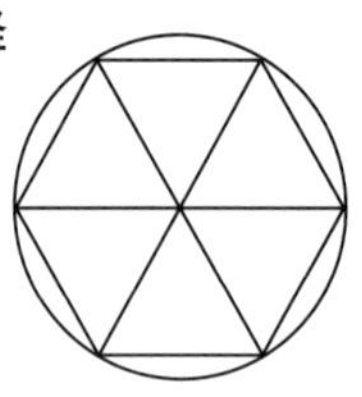

こぼれ話

2003年の東大入試で「円周率は3.05より大きいことを証明しなさい」というのが出たことがあります。これは、円に内接する多角形の数を大きくすることで証明できます。

Q.48 ベル研究所の脳トレ？

たとえば、37という数で、各桁の数字どうしをかけ算すると37→21→2と変化します。このとき、1桁になるまでの回数（この場合は2回）をその数の「粘度」(persistence)といいます（37は粘度が2となります）。10は10→0と1回で1桁になるので、粘度1です。11も18も90もすべて粘度1ですが、粘度1の最小の数は10です。粘度2の最小は25、粘度3の最小は39です。

では、粘度4の最小の数はいくつでしょう？

48 ANSWER
77

粘度の不思議さは、元になる数字の大きさと粘度の大きさには、あまり関係がないことにあります。たとえば、2桁の最大の数字は99ですが、99→81→8となり、粘度は2となります。しかし、99より小さな77は、77→49→36→18→8となり、粘度は4です。

1を含む2桁の数で演算すると、桁が1つ下がるので、1が現れるタイミングが遅いほど粘度は高くなります。10も15も91も、最初に1が現れているので、ともに粘度は1です。

また2桁の数字の中に2が現れると、演算後に必ず1が現れるので、次の演算では必ず1桁になります。

そうすると、77が粘度4の最小であることは、右の表を使いながら、以下のような流れで求めることができます。

まず、太枠内で、1桁の数や、2桁でも0や1を含む数を除外します。

次に、2を含む数も同様に除外すると、網掛けの数だけが残ります。

	1	2	3	4	5	6	7	8	9
1	1	2	3	4	5	6	7	8	9
2	2	4	6	8	10	12	14	16	18
3	3	6	9	12	15	18	21	24	27
4	4	8	12	16	20	24	28	32	36
5	5	10	15	20	25	30	35	40	45
6	6	12	18	24	30	36	42	48	54
7	7	14	21	28	35	42	49	56	63
8	8	16	24	32	40	48	56	64	72
9	9	18	27	36	45	54	63	72	81

最後に、網掛けされた数の中から、かけると0、1、2を生み出す数を除くと、48と49だけが残ります。

計算してみると68→48→32→6で粘度3、一方、77→49→36→18→8は粘度4。

したがって、粘度4の最小の数は77となります。

こぼれ話

「粘度」(persistence)という概念は、ベル研のN.J.A. Sloaneが著書『A Handbook of Integer Sequences』の中で紹介しています。パソコンを使うと、ある粘度の最小の数は容易に見つけられます。ちなみに、粘度5の最小の数は679です。(文献17)

難易度
★★★

Q.49 アメリカを揺るがせた議席決定法

以下の表は、ある県の議席定数10名を3つの地域に割り振る方法(ヘア法＋最大剰余法)です。

① 県の総有権者を議席定数で割り、その値をHとします。

② 各地域の人口をHで割り、整数部分をその地域の議員数とします。

③ もし定員に満たないときは、剰余(小数点以下)の大きい方から1増やします。

	人口
A地域	5588
B地域	3626
C地域	1606
総有権者数	10800

議席数10

① 総有権者数÷議席定数

＝10800÷10＝1080＝H

② A地域　5588÷1080

≒5.174 ………………… 5名

B地域　3626÷1080

≒3.357 ………………… 3名

C地域　1606÷1080

≒1.487 ………………… 1名→2名

③ 割り当て数が9名で、定員10名に1名不足しているので、小数点以下が一番大きい「C地域が1名増えて、2名」となる。

いま、議席定数が10名から11名に増えたとき、この方法を適用すると、各地域の割り当て議員数はどうなりますか。

ANSWER 49
A、Bは1名増え、Cは1名減る

上記の①、②、③にならって計算した結果が以下です。

① 総有権者数÷議席定数
＝10800÷11≒982（四捨五入）＝H

② A地域　5588÷982
≒5.690 ………………… 5名→6名
B地域　3626÷982
≒3.692 ………………… 3名→4名
C地域　1606÷982
≒1.635 ………………… 1名

③ 割り当て数が9名で、定員11名に2名不足しているので、小数点以下の一番大きいA地域、次に大きいB地域がそれぞれ1名増えます。

人口が変わらず、定員が増えたのに、「C地域の議席数が2名から1名に減っている！」のは、おかしな話です。

議席定数が10名のとき、C地域には2名が割り当てられたのに、定員が1名増えて11名になると、1名に減ってしまいます。有権者数が不変で、定員が増えたのに、議員の割り当てが減ってしまうという、不思議な現象です。

こぼれ話

この現象は、1881年にアメリカ・アラバマ州で実際に起きたもので、当時、アメリカ全州の総議席数が299で、アラバマ州は8議席でした。しかし、総議席数が300になると、7議席になるという珍現象が起きました。それゆえ、こうした現象を「アラバマ・パラドックス」と呼んでいます。

現在はこうした矛盾が起きないよう、さまざまな工夫がなされています。

Beat Your Brains out
第6章
変わった計算
ONOMONDAI
3
?

世の中にはちょっと変わった計算方法があります。その方法を使うと、計算を速く、正しく行うことができる場合があります。

注意深く数字を見ていると、数字に潜んでいる「数の性質」に気がつくことがあります。この性質をうまく使うと、いろいろな数の遊びができます。また、虫食い算(Q.54〜56)は脳のほどよい訓練になります。

Q.50 変わった筆算

2桁以上になるとかけ算は、

楽ではありません。

桁上がりを考えなければならないのが、

苦痛です。たとえば、

372×87の計算をするとき、

楽で、計算違いをしない方法を

考えてください。

ANSWER 50 次に示すのは、よく知られている計算法です

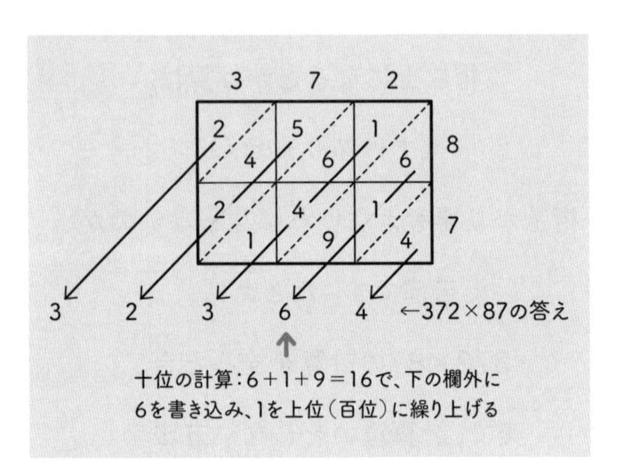

① 縦、横に数字の桁数分の表をつくります。

② 欄外（縦、横）に計算する数字を書きます。

③ すべてのマス目に斜線（点線）を引きます。

④ 各マスに縦と横の数字をかけて入れます。

たとえば、2×8＝16だと、右端のマス目の上の段（点線の上）に1を書き、下の段（点線の下）に6を書き込みます。これをすべてのマスで行います。

⑤ 全部のマスが埋まったら、右端から斜めに(矢印の方向に)数字を加えていき、下の欄外に書き込みます。
最右端(最下位)は4になり、その上位(左隣り)は6+1+9で16になるので、6を書き込み、1は上位(百位)に桁上がりさせます。
すると、次の計算は上位の1+6+4+1+1(右からの桁上がり)=13となり、3を書き込み、1は桁上がり。この方法を繰り返すと、欄外下に372×87の答が求まります。

この方法は慣れると、速く正確にできます。

2
8

変わった規則性

3つの正の整数 a、b、cが

「それぞれを加えても、それぞれを

かけても、同じ結果になる」とき、

つまり

$$a+b+c=a\times b\times c$$

を満たす a、b、cを見つけてください。

a、b、cはそれぞれが

異なっている数字である必要は

ありません。

Answer

51 ANSWER
1+2+3=1×2×3

$a+b+c=a\times b\times c$より、$c(ab-1)=a+b$が導かれます。仮に$ab=2$とすると、$a=1$、$b=2$(または$a=2$、$b=1$)となり$a+b=3$となるので、$c=3$。したがって、1+2+3=1×2×3。

こぼれ話

本問では3つの数字でしたが、2つの数字では2+2=2×2などがあり、4つの数字では、1+1+2+4=1×1×2×4があります。

Q.52 分数と分数のあいだ

たとえば、2と3の間には、

2.3や2.5があります。

では、$1/2$と$2/3$の間にある数を、

簡単に示す方法を考えてください。

ANSWER 52 分子どうしと分母どうしを加える

たとえば、$1/2$と$2/3$の間の数なら、

$$(1+2)/(2+3) = 3/5$$

つまり、分母＝2＋3、分子＝1＋2で得られた$3/5$は、両者の中間の数になることが以下の計算から明白です。

$$1/2 < 3/5 < 2/3$$

$$(0.5 < 0.6 < 0.66\cdots)$$

この方法が一般的に成り立つことは示せますが、本書の目的を外れるので、省略します。

他に、2つの分数を加えて2で割る方法がありますが、手間がかかります。

$$(1/2 + 2/3) \div 2 = 7/6 \div 2 = 7/12$$

したがって

$$1/2 < 7/12 < 2/3$$

$$(0.5 < 0.5833\cdots < 0.66\cdots)$$

変わった計算

Q.53 戦前のロシア農民の計算法

27×36を以下のやり方で計算してみましょう。
さらに、なぜうまくいくのか考えてください。

① 27(左の数)を2で割り、余りを捨てます。
36(右の数)を2倍します。
② 割り算が1になるまで、①を繰り返します。
③ 左の数が奇数のところだけ、右の数(○印のところ)を加えると、27×36の答えになります。

	左	右		
	27	36	○	
÷2	13	72	○	×2
÷2	6	144	×	×2
÷2	3	288	○	×2
÷2	1	576	○	×2

53 ANSWER
972
二進法と同じ計算をしているから

左	右
27	36 ○
13	72 ○
6	144 ×
3	288 ○
1	576 ○

上記の○の箇所(左の数が奇数)の数のみ加えると、

$$36+72+288+576=972=27\times36$$

なぜ、うまくいくのか、以下は種明かしです。

27を二進数で表すと

11011

すなわち、

$$27=1\times2^4+1\times2^3+0\times2^2+1\times2^1+1\times2^0$$

したがって、上記の○印を加えることは、

$$(1\times2^4+1\times2^3+0\times2^2+1\times2^1+1\times2^0)\times36 \cdots\cdots ①$$

を計算するのと同じだからです。

試みに、前出の表の〇の箇所を実際に加えてみると

$$
\begin{aligned}
&36+72+288+576\\
&=36(1+2+8+16)\\
&=36(2^0+2^1+2^3+2^4)\\
&=(2^4+2^3+2^1+2^0)\times 36
\end{aligned}
$$

となり、やはり①と同じ式になります。

こぼれ話

この計算のやり方はロシアの農民が使っていた方法と言われています(平山諦『東西数学物語』)。第二次世界大戦後、シベリアに抑留されていた日本兵が復員してきたとき、「ロシア兵は計算が遅い」と言っていたのを、子供の頃、私は聞いた記憶があります。

えっ!
27 36
13 72
6 144
3 288
1 576
27
×36
162
81
972
まだ?

変わった計算

難易度 ★★☆

Q.54 論理力を鍛える虫食い算

次の□を、2を除く

1〜9までの8個の数を使って、

つじつまが合うように埋めてください。

また□は5カ所なので

使わない数は出てきますが、

同じ数を2回以上使うことはできません。

答えは複数通りあります。

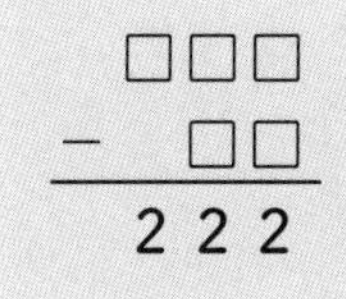

54 ANSWER

$$\begin{array}{r} 316 \\ -\ \ 94 \\ \hline 222 \end{array} \quad \begin{array}{r} 317 \\ -\ \ 95 \\ \hline 222 \end{array} \quad \begin{array}{r} 318 \\ -\ \ 96 \\ \hline 222 \end{array}$$

答えの先頭が2なので、上段の百位の□は3だとわかります。なぜなら2は使えないので、引き算の際、右隣(10位)に1を貸して、残りが2になる数は3に限られるからです。

次に、十位の桁を考えます。上段の数をx、下段の数をyとすると、左隣から1(位取りを考えると10)借りて、$(10+x)-y$の結果が2になる必要があります。

たとえば、xを3とすると、10+3、つまり13からyを引くと2になります。このときyは11となり、1桁にはなりません。

したがって、xが3以上のときは2をつくれません。2は使えないので$x=2$はありえません。つまり、xは1となります。こうして上段の十位の数が1と決まると、下段の十位の数は9に限定されます。ここまでの状態は、次のようになります。

$$
\begin{array}{r}
31\square \\
-\ \ 9\square \\
\hline
222
\end{array}
$$

一位の桁の上下段の組み合わせは、(5、3)、(6、4)、(7、5)、(8、6)、(9、7)の5通りありますが、3、9は既に使われているので、(6、4)、(7、5)、(8、6)に限定されます。

$$
\begin{array}{r}
316 \\
-\ \ 94 \\
\hline
222
\end{array}
\quad
\begin{array}{r}
317 \\
-\ \ 95 \\
\hline
222
\end{array}
\quad
\begin{array}{r}
318 \\
-\ \ 96 \\
\hline
222
\end{array}
$$

類　題

以下の2つの計算を同時に満たすように、下段の□□に共通する数字を1つ見つけてください。

$$\begin{array}{r} \square\square\square \\ -\ \ \square\square \\ \hline 333 \end{array} \qquad \begin{array}{r} \square\square\square \\ -\ \ \square\square \\ \hline 444 \end{array}$$

答　え

$$\begin{array}{r} 428 \\ -\ \ 95 \\ \hline 333 \end{array} \qquad \begin{array}{r} 539 \\ -\ \ 95 \\ \hline 444 \end{array}$$

答えの導き方は、Q.54を参考に考えてください。

仮定力を鍛える虫食い算

以下の空欄を

1～9までの数字を使って、

辻褄（つじつま）が合うように□を埋めてください。

ただし、同じ数字を使うことはできません。

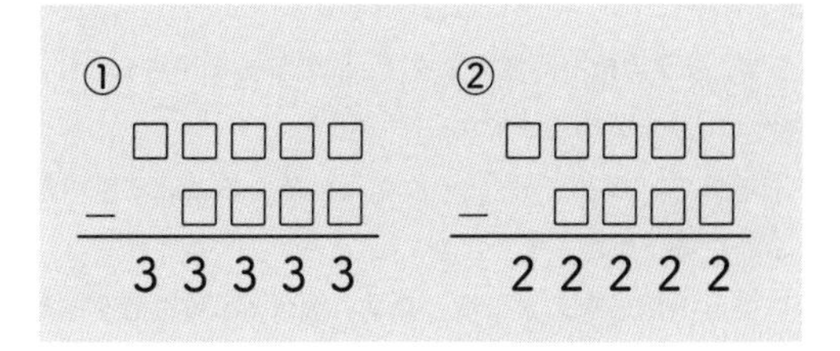

答えは①、②とも複数通りあります。

ANSWER 55

①
$$\begin{array}{r} 41268 \\ -\ \ 7935 \\ \hline 33333 \end{array}$$

②
$$\begin{array}{r} 31874 \\ -\ \ 9652 \\ \hline 22222 \end{array}$$

①の場合、被減数(引かれる数)の万位は3か4に限定されます。まず、4から考えると、4から右隣の千位に1を貸したと考えられます。その先、千位が3だとすると、(万位から1借りて)13から引いた結果が3になる減数(引く数)を考えます。すると10という2桁の数字になるので、不適。千位が2だとすると、減数は9に限定されます。そうすると、残った1、3、5、6、7、8で3を作ることになります。減数>被減数では6−3、8−5まではうまく3を作れますが、残る1、7では作れません。減数<被減数でもうまくいかないことが確かめられます。こうして、被減数の千位は1に限定されます。結果、11から引いた数が3になる減数は8となりますが、同様に百位に1を貸すので、千位の減数は7と決まります。残りの桁も同様の工夫で、①の解答が得られます。万位が3の場合は、うまくいきません。

ここで①を見ていると、一位と十位を入れ替えることで別の解が得られることに気がつきます。

②についても上記の考え方で解が求まりますが、被減数や減数の各桁の数字を入れ替えることで、複数の種類を見つけられます。

①は2種類、②は12種類できます。以下に示します。

① ❷ 41286−7953＝33333

② ❷ 25718−3496＝22222
❸ 25871−3649＝22222
❹ 27158−4936＝22222
❺ 27185−4963＝22222
❻ 28571−6349＝22222
❼ 28715−6493＝22222
❽ 31478−9256＝22222
❾ 31487−9265＝22222
❿ 31748−9526＝22222
⓫ 31784−9562＝22222
⓬ 31847−9625＝22222

1～9までの9個の数字を使って、

次の三角形の各辺の和が

20になるように埋めてください。

ただし、同じ数字を

2回以上使ってはいけません。

56 ANSWER 下記の図の通りです

```
      4
    3   1
  8       9
5   2   7   6
```

各辺の和が20の場合、3辺あるので20×3＝60と計算できますが、1〜9の和は45。これは、3つの頂点を2回重複して数えているからです。そこで、60－45＝15。つまり、3つの頂点の和が15になるような数字の組み合わせをまず考えます。

(4、5、6)、(2、5、8)、(3、5、7)、…などが考えられます。上の解答例は3頂点が(4、5、6)の場合です。(2、5、8)なら以下のようになります。残りも、同様に考えることができます。

```
      2
    6   1
  7       9
5   3   4   8
```

変わった計算

難易度
★☆☆

Q.57 小数点はどうなってるの？

$1/7$を計算すると、

0.142857142857…

と小数点以下は142857の6桁が無限に繰り返されます。

次に$2/7$、$3/7$、$4/7$、$5/7$、$6/7$の

5個の割り算をそれぞれ計算すると、

小数点以下はどんな数の繰り返しになりますか?

また、$1/7$の小数部とどんな関係がありますか?

ANSWER 57 下記の通りです

$1/7$＝0.142857142857…

$2/7$＝0.285714…の小数部の繰り返し

$3/7$＝0.428571…の小数部の繰り返し

$4/7$＝0.571428…の小数部の繰り返し

$5/7$＝0.714285…の小数部の繰り返し

$6/7$＝0.857142…の小数部の繰り返し

つまり、$1/7$の小数部と同じ数字の並びが、1〜5桁ずれて現れます。

$2/7$の小数部は、$1/7$の小数部142857の先頭の2桁14を最後部に移動して得られる数285714の繰り返し。

$3/7$の小数部は、$1/7$の小数部142857の先頭の1桁1を最後部に移動して得られる数428571の繰り返し。

$4/7$の小数部は、$1/7$の小数部142857の先頭の4桁1428を最後部に移動して得られる数571428の繰り返し。以下同様です。

また、$1/7$の小数部142857を2倍した142857×2＝285714が$2/7$の小数部になり、3倍した142857×3＝428571が、$3/7$の小数部になります。以下同様です。

変わった計算

難易度 ★★☆

Q.58 9は不思議な数字

2桁以上の好きな数字を思い浮かべてください。つぎに、各桁の数字を適当に入れ替えてください。そして、できた数字と元の数字をくらべて、大きい方から小さい数を引いてください。最後にその数字を9で割ってください。不思議と割り切れます。たとえば、

① 437を思い浮かべたとします。

② 各桁の数字を適当に入れ替えて、(たとえば)743をつくります。

③ 大きな数字743から、小さい数字437を引くと、答えは306。

④ 306を9で割ると答えは34で、たしかに割り切れます。

好きな数字で試してみてください。なぜ、入れ替えて、その差を取ると9で割り切れるのか、理由を考えてください。

58

ANSWER

考え方は下記の通りです

必ず9で割り切れる理由を示します。仮に3桁の数字をxyzとします。入れ替えてzxyとします。すると、437が$4\times100+3\times10+7$と書けることから、xyzやzxyは以下のように書けます。

$$xyz=100x+10y+z \quad \cdots\cdots ①$$

$$zxy=100z+10x+y \quad \cdots\cdots ②$$

これではどっちが大きいかわかりませんので、

$xyz>zxy$として、①−②を求めると

$$(100x-10x)+(10y-y)+(z-100z)$$
$$=90x+9y-99z$$
$$=9(10x+y-11z) \quad \cdots\cdots ③$$

③が9で割り切れることは明らかです。

Beat Your Brains out
最終章
難関中学入試で
おさらい
ONOMONDAI

数学と聞くと、まず浮かぶのは分数の計算式です。つぎに浮かぶのは、文章題ではないでしょうか？　OECDによる義務教育修了段階の生徒を対象とした国際学力調査PISA（Programme for International Student Assessment）でフィンランドは世界のトップクラスですが、授業時間は日本の半分だそうです。さらに、数学の問題は、解答のかなりの部分を文章で答えさせているようです。いわゆる、暗記ではなく、理解の程度をチェックしているようです。

しかし、日本の中学入試にも、パズルとしても十分楽しめるものは少なくありません。というのも、出典が江戸時代の算書（『塵劫記』、『拾玉算法童子問』など）によるものが少なくないからです。

私立の名門中学入試では、単純な計算や方程式を当てはめて終わりといった問題ばかりではなく、Q.59、Q.60、Q.64、Q.65、Q.66、Q.68のような「知恵力」が試される問題も少なくありません。

A、B、C、D、Eの5人が一列に並んでいます。

- **Aは一番前ではありません。**
- **EはAのすぐ後ろです。**
- **CとAの間には2人います。**
- **DはCのすぐ後ろです。**

5人の並び方を前から順に書けますか？

（慶應義塾中普通部、2007年入試 表現一部改め）

59 ANSWER
C、D、B、A、E

考え方①

「EはAのすぐ後ろです」、「DはCのすぐ後ろです」より、AとE、CとDをセットで考えます。

AE　CD　❶

「Aは一番前ではありません」より、とりあえず、Bを先頭に持ってきます。

B、A、E、C、D

ところが、これでは「CとAの間には2人います」を満たしていません。そこで、CDを先頭に移動させます。

C、D、B、A、E

この並びなら、上記の4つの条件をすべて満たしています。

考え方②

別の解法として、❶の段階で「Aは一番前ではありません」から、CDをAEの前に移動して

CD　AE

「CとAの間には2人います」より、BをAの直前に入れて

C、D、B、A、E

いずれにせよ、この問題ではAとE、CとDをセットで考えるところがコツです。

四捨五入で差を大きくして

百の位で四捨五入すると

3000になる整数から、

十の位で四捨五入すると

600になる整数を引き算します。

この差が一番大きくなる数はいくつ？

（開成中、2002年入試 表現一部改め）

60 ANSWER

2949

四捨五入して3000になる整数をA、600になる整数をBとしたとき、A－Bが最大になるのは、Aが最大、Bが最小のときです。これに気がつけば、あとは簡単。

百の位で四捨五入して3000になる一番大きな整数Aは3499で、十の位で四捨五入して600になる一番小さな整数Bは550なので、

A－B＝3499－550＝2949

足した数がわかれば

異なる4つの整数を

小さい方から順に並べ、

隣り合った2数の和を求めると、

それぞれ28、32、59でした。

4つの整数の中で

最も大きい数は、いくつでしょうか？

（灘中、1997年入試 表現一部改め）

61 ANSWER
42

4つの数をA、B、C、Dとすると、

A	B	C	D	
○	○			28
	○	○		32
		○	○	59

この関係を式で表すと

$A+B=28$ ………… ①

$B+C=32$ ………… ②

$C+D=59$ ………… ③

ここで、「4つの整数を小さい方から順に並べ…」とあるので、$A<B<C<D$ とすると、①の関係から

$B > 28/2 \quad \therefore \quad B > 14$

また、②の関係から

$B < 32/2 \quad \therefore \quad B < 16$

よって、$14<B<16$から、$B=15$とわかります。すると、①、②から$A=13$、$C=17$になるので、③から$D=59-17=42$。A、B、C、Dは13、15、17、42で、最大は42です。

難関中学入試でおさらい

難易度 ★☆☆

望み通りの数字をつくれますか？

4個の整数3、4、7、8を1回ずつ使い、たし算、ひき算、かけ算、わり算を組み合わせた式をつくります。このとき、1から10までの整数が答えになるような式を考えてください。式にカッコ(　)を使ってもかまいません。

たとえば、2、5、6、8を使って、2をつくるには、

2＝(2×8−6)÷5などです。

（開成中、2004年入試 一部表現改め）

ANSWER 62 下記の通りです

答えの例

$1=(4-3)\times(8-7)$

$2=(4-3)+(8-7)$

$3=7+8-3\times4$

$4=4\times7-3\times8$

$5=(7+3)\div(8\div4)$

$6=8\div4+(7-3)$

$7=8-7\div(3+4)$

$8=8-4+7-3$

$9=(7-3)\div4+8$

$10=(3-7\div4)\times8$

数と加減乗除の組み合わせ次第で、答えは複数通りできます。たとえば、$8=8\times7\div(4+3)$など。

こぼれ話

筆者が若い頃、デートの後、彼女を電車で送っていく車中、切符(当時はPASMOなどなかった)の裏に刻印された4桁の数字を使って上記の遊びをやって、「できた、できた」と歓声を上げながら約2時間を楽しく過ごしました。友だちや彼女、彼氏とこんな知的な遊びで過ごすのも楽しいものです。

難関中学入試でおさらい

難易度 ★★★

Q.63 セットのなかの1つの値段は？

ある果物店で柿、梨、りんご1個の値段は、梨は柿より30円高く、りんごは梨より60円高くなっていました。柿1個、梨2個、りんご3個の合計6個の値段は1110円です。柿、梨、りんご、それぞれ1個の値段は？

（麻布中、2006年入試 表現一部改め）

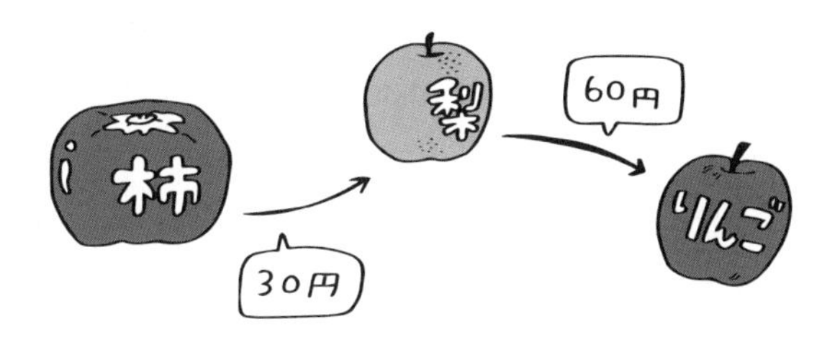

63

ANSWER

柿130円、梨160円、りんご220円

知恵!で解く

購入した6個すべてが柿だったとすると、柿1個は1110÷6＝185円になります。梨は、柿＋30円なので、185＋30＝215円。りんごは、梨＋60円なので、215＋60＝275円。

すると、柿1個、梨2個、りんご3個の値段は、185＋215×2＋275×3＝1440円。ところが実際の値段は1110円、この差額は1440－1110＝330円。1個当たり330÷6＝55円。

したがって、柿1個は185－55＝130円、梨1個は(柿より30円高いので)130＋30＝160円。りんご1個は160＋60＝220円。

確かめてみると、 柿1個＋梨2個＋りんご3個＝130＋160×2＋220×3＝1110円でぴったり。

知識！で解く

柿、梨、りんごの1個の価格をx、y、zとして

$$y = x + 30$$

$$z = y + 60$$

$$x + 2y + 3z = 1110$$

として、x、y、zを求めると、$x = 130$円、$y = 160$円、$z = 220$円。方程式だけに頼ると、Q.59、Q.62、Q.64のような問題を解くときは苦労します。

難関中学入試でおさらい

難易度
★★★

Q.64 手持ちコインの差を見破れ

コインがたくさんあり、そこからA君とB君が交互にコインを取っていきます。1回目はA君が1枚、2回目はB君が3枚、3回目はA君が5枚、4回目はB君が7枚、5回目はA君が9枚…というように、2人は自分が前に取った枚数より4枚多くコインを取ります。

何回か取った後、2人の持っているコインをくらべたところ、差が31枚でした。コインを多く持っているのはどっちですか？　また、その人が最後に取ったコインは何枚ですか？

（麻布中、2013年入試 表現一部改め）

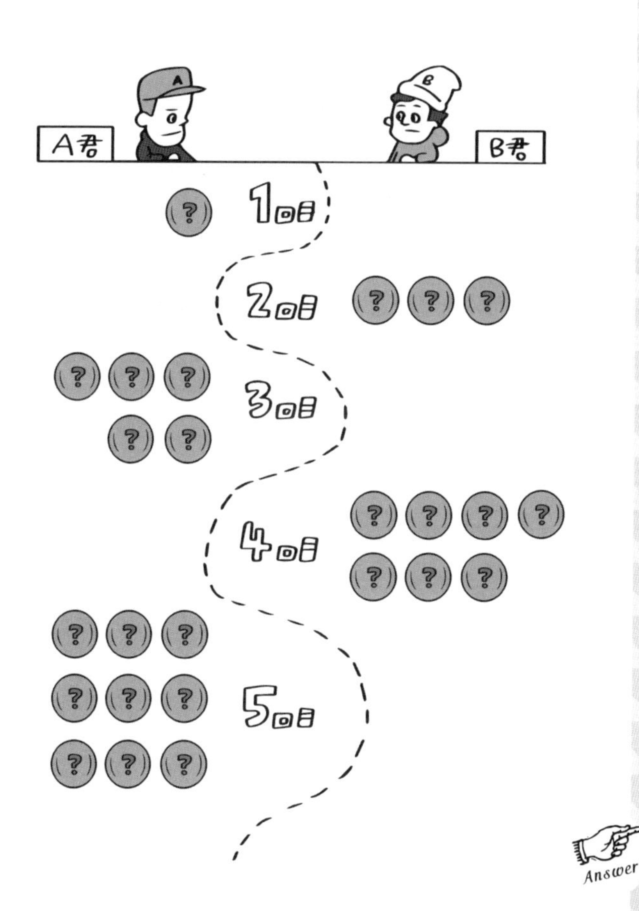
A君
B君
1回目
2回目
3回目
4回目
5回目
Answer

ANSWER 64
コインを多く持っているのはA君
A君が最後にコインを取った枚数は61枚

二人が取った枚数の動きは、以下の通り。

A君　　1、5、9、…

B君　　3、7、11、…

1回取るごとにAとBの間には2ずつ差ができます。つまり同じ回数をとると、2の倍数(偶数)の差が出ます。したがって、差が31(奇数)になったときは、同じ回数を引いていないということです。

31＝15×2＋1と考えると、(取る順序から)Aは16回、Bは15回取ったと考えられます。

また、AもBも4ずつ増えていくので、Aが16回目に取る個数は1＋4×(16－1)＝61個で、Bが15回目に取る個数は3＋4×(15－1)＝59個です。

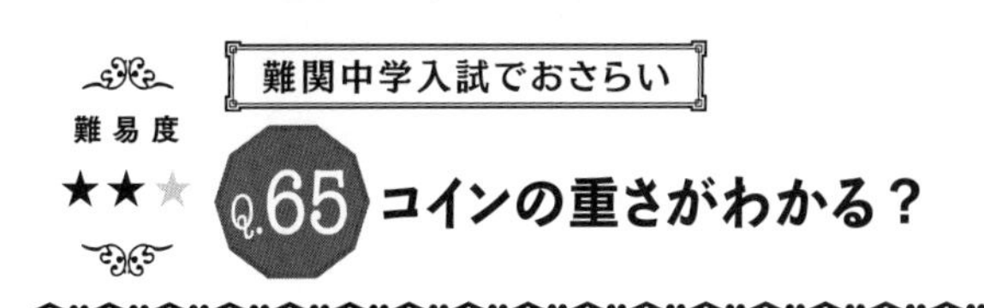

難関中学入試でおさらい

難易度 ★★☆

Q.65 コインの重さがわかる？

A、B、C3種類のコインがあり、

A6枚、B1枚、C1枚の重さと、

A1枚、B4枚、C1枚の重さと、

A1枚、B1枚、C3枚の重さは、

いずれも61gです。

C1枚の重さは何gでしょうか？

（灘中、2004年入試 一部表現改め）

65 ANSWER

15g

表に整理します

A	B	C
6	1	1
1	4	1
1	1	3

各辺から1を引くと

A	B	C	
5	0	0	……①
0	3	0	……②
0	0	2	……③

となり、①、②、③は同じ重さです。つまり、

A5枚の重さ＝B3枚の重さ＝C2枚の重さ

であるから

$A:B:C = \frac{1}{5}:\frac{1}{3}:\frac{1}{2}$

右辺を30倍すると

$A:B:C = 6:10:15$ ……④

「A6枚、B1枚、C1枚の重さ」は61gというので、

$6A + B + C = 61$ ……⑤

④の関係から、⑤のA、B、Cに6、10、15を代入すると、

$6 \times 6 + 10 + 15 = 61$

となるから、A＝6g、B＝10g、C＝15g

点と線の結び方

図のように5つの点A、B、C、D、Eのうちの3点と、3つの点F、G、Hのうちのいずれかを結ぶまっすぐな線を3本引きます。ただし、1つの点と2つ以上の点を結ぶことはできません。こうした3本の線のうち、少なくとも2本が交わるような線の引き方は、全部で何通りありますか?

（慶應義塾中等部、2014年入試 一部表現改め）

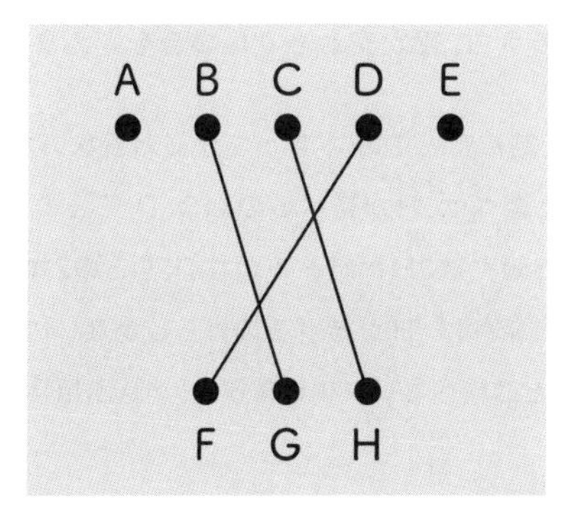

66 ANSWER
50本

「少なくとも2本が交わる」というのは1ヶ所以上で交わることなので、「引ける線、すべての数」から、「3本とも交わらない数」を引けばよいことに気がつくと、後は難しくありません。

したがって、まず上の段5点と、下の段3点を結べる線の数を数えてみます。FからみてA線が引けるのはAからEまでの5本です。つぎにGからはFとつながった1点を除いた4点と線が結べます。同様に、Hからは3本。したがって、全体では

$$5\times4\times3=60\text{本}$$

この60本のうち、線が交わらない場合を考えます。

① FがAと結んだとき、3本すべてが交わらないためには、
GがBと結べば、Hが結べるのはC、D、Eとの3本
GがCと結べば、Hが結べるのはD、Eとの2本
GがDと結べば、Hが結べるのはEしかないので、1本
(GはEとは結べない。なぜなら、Hが結ぶ相手がなくなるから)

② FがBと結んだとき、3本すべてが交わらないためには、

GがCと結べば、Hが結べるのはD、Eとの2本

GがDと結べば、Hが結べるのはEしかないので、1本

③ FがCと結んだとき、3本すべてが交わらないためには、

GはDと、HはEと結ぶしかないので、1本

したがって、3本が交わらないのは

3＋2＋1＋2＋1＋1＝10本

ゆえに、「3本の線のうち、少なくとも2本が交わるのは」

60－10＝50本

家族と年齢の問題

父母と3兄弟の子供の家族がいます。父は母より5歳年上で、子供は2歳ずつ年が離れています。

父母が20歳以上のとき、最初の子供が生まれました。

父母の年齢の和と3人の子供の年齢の和が等しくなるとき、父母と子供は何歳でしょう?

ただし、父母はともに80歳以下とします。

（麻布中、2003年入試 一部表現改め）

80
5
20
以上
2
2

Answer

ANSWER
(父、母、長男、次男、三男)の順に
①(76、71、51、49、47)総和は147
②(79、74、53、51、49)総和は153

知恵!で解く

1年経つたびに子供は3人とも1歳増えるので、年齢の総和は3増えます。一方、両親は2人なので2しか増えません。つまり、1年間で1しか差が縮まらないことになります。

次男が生まれたときを基準にすると、(長男、次男、三男)の年齢は(2、0、−2)となります。(総和は0)

よって、いま、総和の差は、母と父の年齢の合計分だけ存在します。

母が長男を生むのは少なくとも20歳以上とあるので、次男を産んだときの母親は20+2=22歳以上です。父親は22+5=27歳以上なので、

父+母=27+22=49以上です。

総和の差は少なくとも49あり、これがなくなるためには49年はかかります。つまり、両親の和が子供の和と等しくなるような、次男の最少年齢は49歳であるとわかります。

このとき、長男、三男はそれぞれ51(=49+2)、47(=49−2)です。

子供がこの年齢に達したとき両親は、母=49+22=71

歳、父は76歳です。

それぞれの総和を考えると、両親は母＋父＝71＋76＝147、子供は47＋49＋51＝147で、一致します。

つまり父76歳、母71歳（総和は147）。

長男51歳、次男49歳、三男47歳（総和は147）。

この場合、母は長男を20歳、次男を22歳、三男を24歳で産んでいることになります。

つぎに、他にも総和が同じになる場合があるかどうかを考えます。

親、子供の年齢の和は、1年にそれぞれ2と3ずつ増えます。2と3の最小公倍数は6なので、総和は6増える度に等しくなる可能性があるとわかります。子供の総和が6増えるには、1人当たり2増える必要があります。

一方、両親の和が6増えるには、1人当たり3増えなければなりません。母は3年後に74歳、父は79歳で、総和は153。このとき、次男の年齢は153÷3＝51歳、長男は53歳、三男は49歳で、総和は153。

つまり、母親は長男を21歳（＝74－53）、次男を23歳

(＝74－51)、三男を25歳(＝74－49)で産んでいます。

よって答えは、父79歳、母74歳(総和は153)

長男53歳、次男51歳、三男49歳(総和は153)

この先は、親の年齢が80歳を超えてしまいます。

知識&知恵！で解く

次男の年齢をxとすると、長男は$x+2$、三男は$x-2$となり、長男＋次男＋三男＝$3x$となり、3人の子供の年齢の和は3の倍数とわかります。

一方、父親の年齢を80歳とすると、母親は75歳。80＋75＝155歳で3の倍数ではありません。両親から1歳ずつ引くと、父79歳、母74歳で和は153歳で、3の倍数。したがって、$3x=153$より、x(次男)＝51歳、長男は51＋2＝53歳、三男は51－2＝49歳。

同じ工夫で、両親の和147歳から、父76歳、母71歳、長男51歳、次男49歳、三男47歳。

89の倍数と113の倍数を

89、113、178、226…のように

小さいものから順に並べるとき、

50番目の数はいくつ？

（灘中、2019年入試 一部表現改め）

68 ANSWER
2492

知恵！で解く

単純に考えると、50番目は、113の25倍になりそうな気がします。

しかし、そうならないことは、簡単な数、たとえば7と9で考えるとわかります。この2つの数を2倍、3倍、…と並べて、「9番目の数はいくつか」を考えると、直感では9番目は奇数番目なので小さい方の7の倍数になりそうです。ところが、実際に書き並べてみると

①　②　③　④　⑤　⑥　⑦　⑧　⑨　⑩　…
7、9、14、18、21、27、28、35、36、45、…

となって、⑧と⑨の数字の大小が入れ替わってしまい、単純にはいきません。

そこで、89と113の差24の意味を考えます。たとえば、89の2倍と113の2倍を考えるとき、その差も24の2倍となります。この差が89や113より大きいとき、2つの数

字の間には、順番が入れ替わった、いくつかの数字があると考えることができます。

試みに、113の並びの24番目と、89の並びの26番目（全体が50個なので、50－24）を比較すると

89×26＝2314、113×24＝2712

となります。両者の差398（＝2712－2314）は、113より大きいので、両者の間には、89や113の倍数がいくつかあることがわかります。そこで、両者の間を狭めると

89×27＝2403、113×23＝2599

両者の差196（＝2599－2403）は113より大きいので、さらに狭めます。

89×28＝2492、113×22＝2486

両者の差6（2492－2486）は、89より小さいので、この2つは連続していると考えられます。したがって、2486（＝113×22）が全体の49番目で、50番目は2492（＝89×28）となります。

知識！で解く

少し高度な解き方では、以下のような絶対値を用いた方法が考えられます。

$|89x-113(50-x)|<89$

① $89x-113(50-x)>0$の場合

$89x-113\times50+113x<89$

$202x<89+5650$

$x<28.4\cdots$

① $89x-113(50-x)<0$の場合

$-\{89x-113(50-x)\}<89$

$202x>5561$

$x>27.5\cdots$

$\therefore\quad 27.5\cdots<x<28.4\cdots$

したがって、89は28番目となるので、113は22(＝50

−28)番目となります。確かめると、

89×28＝2492、 113×22＝2486

両者(2486と2492)の差6は、89より小さいので、2486と2492とは連続していると考えることができます。よって、50番目は2492となります。

こぼれ話

この問題を小学6年生がどう解いたのか、気になります。大人にとっても手ごわい問題です。小学6年生にとっては超難問でしょう。大小が入れ替わるときの規則性を発見できれば、もっとうまい解法があるかもしれません。

あとがき

パズルは「視点」を変えながら考える、脳トレ・ゲームです。「知識」の多寡(たか)を問うクイズとは違います。パズルへの挑戦に必要なのは「知恵」と「粘り」です。本書には論理、計算、江戸時代の和算の問題、中学入試問題、IT企業の入社試験問題など、多彩な問題が載せられています。知的な娯楽としては、十分に役目を果たしてくれると思います。

謝辞

本書を書くにあたっては、多くの友人、知人のお世話になりました。Q.68では桑原弘博士、伊東琢史博士と議論したり、Q.43ではアメリカでの研究生活が豊かな石丸清登博士と議論し、それぞれ解法の参考としました。また、Q.67では知識＋知恵による華麗な解法を佐藤保翁氏(元・浜松大学(現・常葉大学)教授)から提供されました。さらに、Q.23のコンピュータ・シミュレーションの結果は、静岡大学時代の私の研究室出身の山下浩一博士(常葉大学准教授)の力を借りました。また、Q.33のやっかいな計算も、彼がパソコンを駆使して算出してくれました。さらに、Q.55のすべての組み合わせの導出は彼がコンピューターを駆使した成果です。また、Q.23の爪楊枝の手作業の実験は石橋啓子さん(主婦)、金井ひとみさん(主婦)のお世話になりました。また、Q.42では宮田美穂さん(国際ことば学院、静岡市)の頭を悩ませました。こうした方々のご協力に対して、心から感謝いたします。

さらに、編集担当の西山大悟さんからは多くの有益な指摘を受けました。その指摘をもとに、書き換えた箇所も少なからずあります。

本書に、「楽しさ」や「やりがい」があるとすれば、こうした方々の助力によることは間違いありません。皆々様に深い感謝の意を表します。

本書で、楽しく、有意義な時間を過ごされることを祈りながら…

2020年 初春

吉田敬一

参考文献

1. 西平重喜『比例代表制』(中公新書,1981)
2. 蟹江幸博『なぜか惹かれるふしぎな数学』(実務教育出版,2014)
3. 清水武治『ゲーム理論最強のトレーニング55』(日本文芸社,2004)
4. ビジネスフレームワーク研究所(編)『できる大人の問題解決の道具箱』(青春出版社,2017)
5. ポール・J.ナーイン『ちょっと手ごわい確率パズル』(松浦俊輔訳,青土社,2002)
6. 吉田光由『塵劫記』(岩波文庫,1977)
7. 柳谷晃『あなたにこの問題が解けますか!!』(冬青社,2005)
8. 平山諦『東西数学物語』(恒星社厚生閣,1956)
9. モリス・クライチック『100万人のパズル(上)(下)』(金沢養訳,白揚社,1968)
10. 藤村幸三郎・田村三郎『数学歴史パズル』(講談社ブルーバックス,1985)
11. ローレンス・ポッター『学校では教えてくれなかった算数』(谷川漣訳,草思社,2008)
12. 安野光雅『算私語録』(朝日文庫,1985)
13. 吉田一彦・友清理士『暗号事典』(研究社,2006)
14. 長田順行『暗号大全』(講談社学術文庫,2017)
15. 高川敏雄『「暗号解読」入門』(PHP研究所,2002)
16. 稲葉茂勝『暗号学』(今人舎,2016)
17. M.Gardner. “The Colossal Book of Short Puzzles and Problems”(W W Norton & Co Inc,2005)
18. マーティン・ガードナー『数学ゲーム全集1~4』(日本評論社,2015~2017)
19. マスオ『高校数学の美しい物語』(SBクリエイティブ,2016)
20. H.E. デュードニー『パズルの王様傑作集』(高木茂男訳,ダイヤモンド社,1986)
21. Presh Talwalkar “Math Puzzles vol.1” (CreateSpace Independent Publishing Platform,2015)
22. 竹内薫(編)『[非公認] Googleの入社試験』(徳間書店,2008)

本作品は当文庫ための書き下ろしです。

吉田敬一（よしだ・けいいち）
北海道増毛町生まれ。法政大学工学部卒、工学博士（慶應義塾大学）。NECを経て、静岡大学教授。定年退官後、日本大学、北京大学および北京外国語大学（客員）の教授を歴任。専門は情報科学。
『教養・コンピュータ』（共立出版）、『教養・C言語』（共著、共立出版）、『コンピュータ・サイエンスのための言語理論入門』（共訳、共立出版）、『大人のための名作パズル』（新潮新書）、『この問題、とけますか？』『この問題、とけますか？ 2』（だいわ文庫）など、訳書、著書多数。

この問題、とけますか？
チャレンジ難問篇

著者 吉田敬一

2020年1月15日第1刷発行

発行者 佐藤 靖
発行所 大和書房
東京都文京区関口1-33-4 〒112-0014
電話 03-3203-4511
フォーマットデザイン 鈴木成一デザイン室
本文デザイン・DTP 根本佐知子（梔図案室）
本文イラスト ヤギワタル
本文印刷 信毎書籍印刷
カバー印刷 山一印刷
製本 ナショナル製本
ISBN978-4-479-30796-9
乱丁本・落丁本はお取り替えいたします。
http://www.daiwashobo.co.jp